黄河上游梯级开发的生态与环境风险分析方法研究

胡德秀　周孝德　著

黄河水利出版社
·郑州·

内 容 提 要

以黄河上游流域的水资源梯级开发利用为工程背景,对流域梯级开发的生态与环境风险问题及其建模和分析方法进行了系统研究。在对梯级开发模式下流域的诸多生态与环境风险进行有效辨识的基础上,重点针对水质污染、生态与环境需水量、泥沙淤积、库水水温变异等常遇风险问题,研究了合理可行的建模分析方法与风险评价方法,并对相应的生态与环境风险管理机制及其风险防范和减缓措施进行了研究。所取得的有关研究成果与结论,可为流域梯级开发的生态与环境风险管理提供科学决策依据。

图书在版编目(CIP)数据

黄河上游梯级开发的生态与环境风险分析方法研究/胡德秀,周孝德著.—郑州:黄河水利出版社,2011.8
ISBN 978-7-5509-0100-1

Ⅰ.①黄… Ⅱ.①胡… ②周… Ⅲ.①黄河中、上游-水资源开发-环境生态评价-研究 Ⅳ.①TV213.2
②X826

中国版本图书馆 CIP 数据核字(2011)第 168045 号

策划编辑:李洪良 电话:0371-66024331 E-mail: hongliang0013@163.com

出 版 社:黄河水利出版社
   地址:河南省郑州市顺河路黄委会综合楼14层 邮政编码:450003
发行单位:黄河水利出版社
   发行部电话:0371-66026940、66020550、66028024、66022620(传真)
   E-mail: hhslcbs@126.com
承印单位:河南地质彩色印刷厂
开本:787 mm×1092 mm 1/16
印张:8.75
字数:181 千字   印数:1—1 000
版次:2011 年 8 月第 1 版   印次:2011 年 8 月第 1 次印刷

定价:25.00 元

前　言

　　对流域梯级开发可能导致的生态与环境影响及相关风险问题进行研究,是当今国际上水资源开发利用和生态与环境保护中亟待解决的重要课题之一,它对于确保梯级开发模式下流域生态与环境的可持续发展具有重要意义。

　　本书以黄河上游水资源开发利用为工程背景,对流域梯级开发的生态与环境风险问题及其建模分析方法进行了系统研究。主要研究内容和成果包括:

　　(1)结合黄河上游梯级开发现状与特点,对流域梯级开发可能导致的生态与环境风险进行了系统辨识,并对其风险累积效应进行了综合分析。

　　(2)提出并建立了梯级开发模式下水质风险的灰色－随机复合不确定性分析方法。将影响水质风险的诸多不确定性作用视为随机作用,把各种影响因子之间的复杂不明确关系看做灰色关系,从而建立了基于灰色－随机不确定性的水质风险分析方法,实现流域梯级开发的水质风险复合不确定性分析,较好地体现了水质风险的不确定性。

　　(3)提出了基于风险因子层次分析法的梯级开发生态与环境需水量模糊神经网络模型。采用多因子层次分析法分析生态与环境需水量风险因子间的相互关系,建立了各因子间的量化指标组合权重关系,将其权重值作为模糊神经网络模型中各影响因子的初始权值输入,从而有效消除了随机赋予初始权值对 FNN 模型结果的影响。

　　(4)在对流域梯级开发的泥沙淤积风险进行系统分析的基础上,提出并建立了梯级水库来沙量的偏最小二乘法回归(PLSR)模型,有效解决了常规最小二乘法回归模型精度受自变量因子间的多重相关性干扰的问题。

　　(5)对梯级开发的水温风险及其时空分布规律进行了研究,建立了梯级开发模式下河道一维水温模型、库水水温分布的立面二维数学模型淤积考虑泥沙异重流影响的库水水温模型,较好地拟合了梯级水库的水温分布情况。

　　本书共分 8 章,其中第 1 章、第 2 章、第 4 章、第 5 章、第 8 章由胡德秀完成,第 3 章、第 6 章、第 7 章由周孝德和胡德秀共同完成,全书由胡德秀统稿。

　　课题研究得到了国家自然科学基金(50779051)、水资源与水电工程科学国家重点实验室开放基金(2007B037)等项目的联合资助,研究中参阅的大量文献限于篇幅未能一一罗列,谨以致谢。

　　限于作者的学识和水平,书中错误或不当之处在所难免,还请同行专家和读者朋友们批评指正,不胜感激!

作　者

2010 年 12 月

前　言

目 录

1 绪 论

1.1 研究背景与意义

随着社会经济的不断发展,水资源的合理开发利用和保障供给越来越重要。水电作为一种可再生循环利用的清洁能源,受到各个国家的高度重视。尤其是近几十年来,国内外水能资源利用逐渐从单项工程开发转变为江河流域的梯级开发与综合利用,大大提高了流域水资源的开发利用效率。

流域梯级开发是指在同一条河流或河段上布置一系列阶梯式水利枢纽的开发方式。梯级开发的主要目的是充分利用河流落差和渠化河道,最大限度地开发河流的水能、水运资源。河流梯级开发通过修筑大坝、开通运河、清理水道等工程技术措施,对流域水系进行综合开发治理,以获得发电、防洪、灌溉、航运、供水、渔业和旅游等综合效益,从而带动区域经济的综合发展。

由于流域梯级开发的综合效益显著,因而逐渐受到世界各国的普遍重视。在国外,流域梯级开发建设起步较早,部分国家现已达成一定的规模。如俄罗斯境内的伏尔加河,河长约 3 700 km,落差 256 m,共布置了 11 个梯级;上游在加拿大、下游在美国的哥伦比亚河,干流长约 2 000 km,落差 808 m,共分了 15 个梯级;密西西比河的二级支流田纳西河设置 15 个梯级;科罗拉多河为 11 个梯级;流经土耳其、叙利亚和伊拉克的幼发拉底河为 7 个梯级等。

值得肯定的是,全球范围内的流域梯级开发确实给相关流域区带来了丰富的电力供应、防洪、灌溉、航运、供水、渔业、旅游等综合效益,促进了流域区内的社会、经济发展及人民生活水平的改善,但同时也带来了一系列的生态与环境问题。如 20 世纪 50 年代苏联对伏尔加河流域的梯级开发就颇具代表性。在伏尔加河流域梯级开发的前期,工程曾发挥了良好的经济效益;但在随后的 30 年里,苏联科学院和各新闻媒体纷纷针对伏尔加河梯级开发所带来的一系列生态与环境问题进行了猛烈抨击,其所带来的生态与环境问题主要体现在以下几方面:

(1)生境区结构破坏。在梯级库群设计中未考虑生境区的最优比例(沿岸带占 15%,亚沿岸带占 15%,深水带和敞水层占 70%),导致建成后的水库群缺乏食草鱼类再增殖所必需的、有丛生水生植物的沿岸生境区,11 座梯级水库中有 8 座没有生产性浮游生物群落繁衍所需的足够水层,在很大程度上失去了喜流水性鱼类和无脊椎动物繁殖与越冬生息环境的特质;此外,没有考虑水库兴建对渔业的影响,未修建鱼道,影响了鱼群洄游产卵;不同水库秋、冬季库水位的消落期长达 1~5 个月,对生物群落和鱼类种群栖生带来极为严重的影响。

(2)水温影响。利用水库蓄存水量进行发电,破坏了库水温度分层,造成水温异常,给供水、灌溉和渔业带来一定影响。

(3)水质污染。由于未重视生态与环境的保护,入库小河成了工业、畜牧场和其他企业的排污沟,每年排放入伏尔加河各水库的污水量约 25 km³(占年均径流量的 10%),内含大量氨、磷等农业与生活用水废物,而重工业企业、纸浆综合企业、国防工业和化学工业生产排放的工业废水中含有大量金属和各种化合物,航运船舶则产生大量的碳酸氢盐。

遗憾的是,伏尔加河流域梯级开发在生态与环境保护方面的失败并非个例。国际上众多类似的负面工程案例及其惨痛教训,逐渐唤醒了人们对流域梯级开发的生态与环境风险意识,引发了人们对江河流域梯级开发模式下有关生态与环境影响的风险分析与思考,进而逐渐认识到,江河流域作为一个相对完整且复杂的生态与环境系统,其梯级开发必然带来生态与环境方面的诸多影响,使流域扰动区尤其是梯级库区及其下游河道区相当范围内的生态与环境面临不同程度的风险。

正是在这样的背景下,对流域梯级开发可能造成的生态与环境风险问题进行系统研究,就成为当今国际上水资源开发利用和生态与环境保护各项研究中亟待解决的重要课题之一。不过,对流域梯级开发的生态与环境影响及其风险问题进行研究,不仅要对流域内的自然、气象、水文、地形、地质、生态、环境、社会、经济等各方面基本信息有全面的了解和认识,同时涉及多学科知识的交叉和利用,其难度大,也十分复杂,因而目前国际上开展相关研究还比较少,亟待加强。

我国从新中国成立初期至 20 世纪 60 年代,进行了四川龙溪河、贵州猫跳河、云南以礼河、福建古田溪等河流的梯级开发。近 10 多年来,随着华能、华电、国电、大唐等一批国家电力集团公司及长江三峡水电开发总公司、黄河上游水电开发公司、大渡河水电开发公司、贵州乌江水电开发公司、湖北清江水电开发公司等一批流域开发公司的相继成立,国内在水电开发模式方面有了跨越式的发展——首先对取得开发权的河流进行整体规划,然后将某些(已建或待建)工程作为龙头工程,进行流域内的梯级滚动开发,这无疑是我国水利水电建设史上一个新的里程碑。实践证明,流域梯级开发能合理、有效地利用水资源,降低工程造价,缩短建设工期,促进流域综合治理和社会经济发展,因而显示出了强劲的生命力。不过,在追求流域梯级开发综合效益的同时,应该科学和辩证地看到,流域梯级开发在时空布局、资源利用与保护、上下游及界河区各方利益的处理及社会、经济与环境的协调等方面,都是十分复杂的,必须科学合理地加以分析和解决。

黄河是中华民族的母亲河,孕育了华夏五千年的文明与发展,其对于中国社会经济发展的重要性是不言而喻的。黄河流域总面积 794 712 km²,流经青海、四川、甘肃、宁夏、内蒙古、陕西、山西、河南、山东等省(区)。黄河干流划分为上、中、下游三段。河源至内蒙古托克托县河口镇为上游,河道长 3 472 km,流域面积 42.8×10⁴ km²。在黄河上游干流上现建有龙羊峡、李家峡、刘家峡、盐锅峡、八盘峡、青铜峡、三盛公等 15 座大中型水利水电枢纽工程,正在建设中的有拉西瓦、积石峡等 6 座电站,规划和踏勘中的电站有 10 余座。作为我国 13 大水电基地之一,黄河上游将形成以龙羊峡为龙头水库的国内最大梯级电站群,是目前国内综合利用任务最多、调度运行最复杂、涉及区域最广的梯级水电站群,承担着向陕、甘、青、宁电网供电和下游地区的灌溉、防洪、防沙、防凌等综合利用任务。

近 10 多年来,随着黄河流域梯级开发力度的进一步加大,黄河梯级开发在调蓄区域流量、获取清洁能源、降低洪涝灾害等方面获得了显著的社会、经济效益;然而,不利的一面是,梯级开发会在一定程度上改变河流系统的原本生态,对河流系统的人为控制可能打破河流与环境间的自然生态平衡,从而给流域生态系统承载力、生物多样性和河流下游民生与经济发展带来一系列的负面效应,这些负面效应往往具有群体性、系统性、累积性、波及性、潜在性等特点,是长期的、累积的和不可逆转的,一旦这些不利影响超过了流域区内的承载能力,生态系统的健康将受到威胁,带来不可估量的风险和损失。

从生态与环境角度分析,黄河上游梯级开发可能带来的风险问题可以大致归纳为以下几个方面:

(1)梯级开发对黄河上游区域生态与环境的各种影响风险。主要对植被与陆生植物资源、陆生动物资源、水生生物及鱼类、生物多样性、生态系统的完整性、水土流失、消落带环境及自然保护区的影响等,破坏了固有生态与环境需水量的平衡。

(2)梯级开发可能带来的水质风险。梯级开发模式下,黄河干流流速降低、流动滞后,会加大库群区域淤积下游河道水质污染的可能性。以兰州下游为例,其干流水质等级基本为Ⅳ~劣Ⅴ类,且劣Ⅴ类水断面占到 81.8%,非汛期水质甚至更差。

(3)梯级开发可能带来泥沙淤积风险。梯级水库开发建设可能造成植被破坏,对水土保持不利,可能增大河道来沙量;梯级水库群修建后,河道流量减小、流速降低,对河道泥沙冲淤十分不利;如果排水建筑物设计不当,可能造成水库严重淤积。建在黄河中游的三门峡水库就遇到了严重的泥沙淤积问题,使渭河河床抬高,造成了惨重的洪灾损失,破坏了生态与环境。

(4)梯级开发可能带来库水水温风险。水库梯级开发建设,会在较大程度上改变原河道水流的水文与水力学条件,从而引起水流热力学状况的改变,使得各级水库及其下游河道的水体温度存在时空变化风险,进而给水生生物繁衍与生长、农田灌溉用水、城镇生活用水、工业用水、水库水质等带来不利影响。

鉴于黄河上游梯级开发在生态与环境方面存在上述诸多风险,因此对这些风险进行有效辨识和系统的分析研究,揭示梯级开发对生态与环境影响的机理和发展演变过程,探讨生态与环境需水量风险、水质风险、泥沙淤积风险、库水水温风险等问题,研究其建模分析与评价方法,准确评估河流梯级开发对生态与环境可能带来的影响和风险,就成了相关研究人员急需解决的重要课题,它将为水利工程的规划、设计、施工、运行及相关管理提供科学决策依据,对于实现流域水资源综合利用和确保流域生态与环境可持续发展具有十分重要的意义。

综上分析,黄河上游梯级开发的生态与环境风险分析研究是十分必要而又急需展开的一项重要课题。通过对黄河上游梯级开发的生态与环境风险研究,可实现对梯级开发模式下流域生态与环境风险的有效辨识,构建有关流域梯级开发的生态与环境风险问题研究框架,建立起梯级开发模式下水质风险、泥沙淤积风险及来沙量、库水水温风险和生态与环境需水量风险的各种分析模型与优化求解方法,提出合理有效的风险防范与减缓措施,从而为黄河上游水利水电工程梯级开发模式下的人与自然和谐共处、社会经济和生态与环境可持续发展提供科学决策依据,同时也为其他流域梯级开发开展生态与环境风险方面的研究提供可资借鉴的宝贵经验,这也正是本书研究的目的和意义所在。

1.2　生态与环境风险的基本概念

1.2.1　风险的定义

风险在字典中的解释是,生命与财产损失或损伤的可能性。

风险在不同的文献中有不同的定义。1981年风险分析协会成立后,经过三四年的工作,列出了14种风险定义,并指出风险的定义不太可能取得完全统一,建议根据具体情况,自由选定适宜的风险定义。

但就一般而言,风险具有两个主要特点,即损害性和不确定性。损害性是相对事件的后果而言,风险事件一旦发生,就会对风险的承受者造成损失或危害,包括给人身健康、经济财产、社会安全乃至生态系统等带来程度不同的危害;不确定性是指人们对事件发生的时间、地点、强度等难以预料。因此,风险的概念包含了损害性和不确定性。

鉴于此,比较严格和通用的风险概念可以定义为事故发生的不确定性与损害的乘积,其中英文表达式分别为:

$$风险 = 损害 \times 不确定性 \tag{1-1}$$
$$\text{Risk} = \text{Damage} \times \text{Uncertainty}$$

通常,损害是指系统不能达到所期望满意的功能。因此,风险可以定义为失事概率 P_f,即广义荷载 L 大于广义抗力(承载能力) R 的概率:

$$风险 = P_f = P(L > R) \tag{1-2}$$

式(1-2)中,荷载 L 和抗力 R 各自的影响因素众多,都是相关影响变量的多元函数,即

$$L = f(x_1, x_2, x_3, \cdots x_n) \tag{1-3}$$

$$R = g(y_1, y_2, y_3, \cdots, y_n) \tag{1-4}$$

风险 P_f 以荷载 L 和抗力 R 的联合概率密度 $f_{R,L}(r,l)$ 表示为:

$$P_f = \int_a^b \int_c^l f_{R,L}(r,l) \mathrm{d}r \mathrm{d}l \tag{1-5}$$

式中: a、b 分别为荷载 L 的上、下限; c 为抗力 R 的下限。

定义功能变量为式(1-6)或式(1-7)、式(1-8)的形式,即:

$$Z = R - L \tag{1-6}$$

$$Z = (R/L) - 1 \tag{1-7}$$

$$Z = \ln(R/L) \tag{1-8}$$

由于功能变量 Z 也受多种因素的影响,因此式(1-2)可写为:

$$风险 = P_f = P(Z < 0) = \int_a^b f_Z(z) \mathrm{d}z \tag{1-9}$$

考虑并综合各种影响因素的作用后,设荷载 L 的概率密度函数($P\mathrm{d}f$)为 $f_L(l)$,抗力 R 的概率密度函数为 $f_R(r)$,如图 1-1 所示。若用功能变量 Z 表示,则其概率密度函数如图 1-2 所示。从图 1-1 和图 1-2 可知,风险值与纵轴 $Z=0$ 左面 $P\mathrm{d}f$ 曲线下面的阴影面积相当,而可靠性与纵轴右面非阴影面积相当。

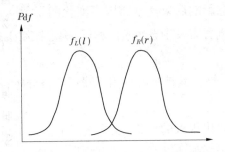

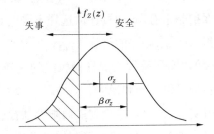

图 1-1　荷载与抗力的概率密度函数　　　图 1-2　功能变量 Z 的概率密度函数

在实际工程中常有这样的情况,即 L 和 R 的概率密度函数很难求得,而 Z 的概率密度函数却能够估算。理论上,不管 Z 采用何种定义,根据式(1-9)计算的风险都是一样的。然而,如果 Z 的真正概率密度函数未知,并在计算中只是采用近似形式,则风险值就随 Z 的定义而有所不同。

1.2.2　生态与环境风险分析的基本概念

生态与环境风险分析是生态学、环境科学、水利科学、计算机科学、数理统计、管理等多学科交叉的新兴边缘科学,主要利用风险管理决策的理论和方法,结合生态学机制,对区域生态与环境系统,特别是脆弱的生态与环境系统中存在的风险进行评价,并作出相应的管理决策。

美国于 20 世纪 70 年代开始生态风险评价研究,在 1992 年对生态风险评价作了定义,即生态风险评价是评估由于一种或多种外界因素导致可能发生或正在发生的不利生态影响的过程,其目的是帮助环境管理部门了解和预测外界生态影响因素与生态后果之间的关系,有利于环境决策的制定。人们认为,通过生态风险评价可以预测未来的生态不利影响或评估由过去某种因素而导致生态变化的可能性。

在我国,生态与环境风险分析研究尚处于起步阶段,生态与环境风险评价在建设项目环境保护管理中得以应用的时间还不长,相关理论方法和技术研究相对薄弱。为此,必须重视风险管理研究,使风险评价能够真正实现为生态与环境管理决策服务的目的。

生态风险评价主要基于两种因素,即后果特征和暴露特征。而生态风险评价与环境管理存在以下联系,能够有效地用于环境决策的制定:

(1)生态风险评价是环保部门制定不同管理决策的基础。风险评价应首先考虑环境管理的目标,因此生态风险评价的计划有助于评价的结果用于风险管理。

(2)生态风险评价有利于环境保护决策的制定。在美国,生态风险评价被用于支持多类型的环境管理行为,包括危险废物、工业化学物质、农药控制及流域或其他生态系统由于多种非化学或化学因素产生影响的管理。

(3)生态风险评价过程中,需要不断利用新的资料信息,促进环境决策的制定。

(4)生态风险评价结果可以表达成:生态影响后果是暴露因素变化的函数。这对于环境保护非常有用,通过评估选择不同的计划方案及生态影响的程度,确定控制生态影响的因素,并采取必要的措施。

(5)生态风险评价提供对风险的比较和排序,其结果能够用于费用效益分析,从而对环境管理提供解释和说明。

事实上,将风险减少到最低限度往往会付出很大的代价,或者从技术上并不可行,但是环境保护部门在环境决策制定的过程中,仍必须加以考虑。

1.2.3 生态与环境风险的属性

与自然界、工程界和社会生产中的其他风险一样,生态与环境风险具有自然属性、社会属性和经济属性。

1.2.3.1 自然属性

生态与环境风险是由自然界的运动演变引起的,是人类出现以来直到现在所面临的自然风险之一。它们虽然遵循一定的运动规律,但是由于人们对其认识和了解少,因此认为它们的发生是不规则的,难以准确预测。此外,自然界中这些不规则运动的破坏力十分巨大,人类即使认识了它,也无法采取措施加以完全控制,这就构成了生态与环境风险的自然属性。

1.2.3.2 社会属性

由于人类对土地、森林、矿产、淡水等资源的过度开发,不合理处置、堆弃有害废物及日益增多的不合理工程与生产活动,致使地球的生态与环境日益恶化,风险事件不断增多,如水污染风险、洪灾风险、生态失衡风险等,其危害也日趋严重。此外,风险的社会属性还体现在风险的结果由整个社会来承担。

1.2.3.3 经济属性

生态与环境风险事件可能造成生态破坏、环境污染、物种濒危、人员伤亡、财物损失等,必然对社会经济造成破坏,这就表现了风险的经济属性。

1.2.4 生态与环境风险的特征

生态与环境风险具有以下基本特征。

1.2.4.1 客观性

生态与环境风险在自然和社会领域中是不可避免的,它独立于人的意志而客观存在,这是由风险事件内部因素的客观规律所决定的。

1.2.4.2 普遍性

生态与环境风险普遍存在于自然、社会和经济文化的发展中。由于和生态与环境相关的各种因素之间相互影响、相互联系和相互制约,其影响作用瞬息万变,关系错综复杂,对于这种充满了不确定性的自然环境和社会环境,必然会面临着各种各样的生态与环境风险。

1.2.4.3 随机性

风险虽然客观存在,但任一风险事件的发生,是诸多风险因素和其他因素共同作用的结果。每一因素的作用时间、作用点、作用方向、顺序、作用强度等都必须满足一定的条件才能导致事件的发生,而每一因素的出现,其本身就是偶然的,因此生态与环境风险事件的发生是随机的,这就意味着生态与环境风险在时间上往往具有突发性,在后果上则具有灾难性。

1.2.4.4 规律性

虽然生态与环境风险事件的发生是随机的、无序的,然而对大量风险事件的观察和综合分析表明,生态与环境风险事件又呈现出明显的规律性。因此,在一定条件下,对大量独立的风险事件进行统计处理,其结果可以比较准确地反映风险的规律性。大量风险事件发生的规律性,使人们可以利用概率论、数理统计等方法来计算生态与环境风险事件的发生概率和损失,并对其实施有意识的监测与控制。

1.2.4.5 动态性

生态与环境风险的动态性是指在一定条件下风险可以变化的特性。和生态与环境相关的各类事物相互联系且不断发展变化,这就决定了生态与环境风险的动态性。随着科技的进步和社会的发展,一方面人们面临的生态与环境风险越来越多;而另一方面,人们认识和抗御这些风险的能力也在逐渐加强。

1.2.5 生态与环境风险分析的主要内容

生态与环境风险分析主要包括风险识别、风险评估、风险管理和风险决策等研究内容。

1.2.5.1 风险识别

风险识别是对风险源的识别,即根据因果分析的原则,把系统中能给生态与环境带来风险的因素识别出来的过程,是生态与环境风险评估研究的前提和基础。主要解决的问题包括:有哪些危害是重大的,并需要进行评估? 引起这些危害的主要因素是什么?

能否正确地进行生态与环境风险及其危害识别,对风险管理的效果有极为重要的影响。如果没有认真做好风险识别,忽略了某些重要的风险因素,就会导致生态与环境风险管理的失误。目前,有关风险识别的理论和方法还不成熟,尚处于探索研究阶段,现采用的主要方法有专家分析法、现场调查法、幕景分析法、统计分析法和故障树分析法等,这些方法在涉及风险分析的文献中一般均有介绍,这里不再赘述。

1.2.5.2 风险评估

生态与环境的风险评估是整个风险分析的核心,不同研究人员对风险评估流程有着不同的描述,总结起来大体可概括为源项分析、受体分析、危害判定、剂量反应评价、暴露评价、风险表征等几个部分;如果是对区域生态与环境进行风险分析,还应首先界定分析研究区域的范围。目前,风险定性评估的方法主要有综合定性法、专家打分法、公众打分法、半定量打分法、定性分级法等因子权重法;风险定量表征的方法主要有熵值法、连续法、外推误差法、错误树法、层次分析法和系统不确定法等;另外,还有同时考虑定性和定量评估的等级动态评价法及生态等级风险评价法,主要被用于区域尺度的风险评价。有关生态与环境方面的风险评估模型主要包括污染物扩散模型、种群动态模型等。近年来,随着各基础学科的发展,一些新的技术和方法正逐渐被应用于生态与环境风险评估领域。

1.2.5.3 风险管理

生态与环境风险分析的目的在于以最少的成本(包括人力、物力、财力、资源的投入总和)实现最大生态与环境安全保障(即预期的损失最小),因此生态与环境风险管理是风险分析与评估的最终目的,它依据风险评估的结果,结合相关标准来制定措施,选择合理的生态与环境风险管理技术,以防止或减少风险及其危害,也即生态与环境减缓风险。

生态与环境风险管理技术分为控制型技术和财务型技术。前者指避免、消除和减少意外事故发生的机会,限制已发生的损失继续扩大的一切措施方法,重点在于改变引起意外事故和扩大损失的各种条件,如风险回避、风险分散、工程措施等;后者则是指在实施控制技术后,对已发生的风险所做的财务安排,其核心是对已发生的风险损失及时进行经济补偿,从而使得能较快地恢复正常的生产和生活秩序,维护财务稳定性。

1.2.5.4 风险决策

生态与环境风险分析是在对所研究的风险事件进行风险识别、风险估算和风险评价的基础上,通过优化组合各种工程技术、工程管理措施,从而作出风险决策,达到对生态与环境风险的有效控制和妥善处理风险所致的损失,期望以最少的成本获得最大的生态与环境安全保障。因此,风险决策也是生态与环境风险分析研究的一个重要阶段。

在对生态与环境风险进行了有效辨识,并作出了适当的风险估计、风险评价,以及提出了若干种可行的风险处理方案后,需要由决策者对各种处理方案可能导致的风险后果进行分析并作出决策,即决定采用哪一种风险处理的对策和方案。因此,从宏观上讲,生态与环境风险决策是对整个风险分析活动的计划和安排;从微观上讲,则是运用科学的决策理论和方法来选择生态与环境风险处理的最佳手段。

1.2.6　生态与环境风险分析的一般程序

在对某生态与环境系统(如流域生态与环境系统等)进行风险分析时,其合理程序是:首先进行风险识别,把可能给生态与环境系统带来严重危害的风险因子有效辨识出来;然后进行风险估算,对风险的大小和危害后果进行定性或定量评估,给出生态与环境风险发生的概率及其危害可能造成的社会与经济损失估值;最后,根据风险分析与风险估算的结果,结合系统或承受者对风险事件的承受能力,评价生态与环境风险是否可以被接受,并根据具体情况制定相应的风险减缓措施(如生态保护措施、环境修复措施、工程技术措施、管理措施等),并采取相应的行动。

由此可见,生态与环境风险管理和风险识别之间存在一个反馈作用,即对生态与环境系统的风险评价是一个动态过程,是一个可以迭代的过程。因此,根据风险评价的内容组成,一个完整的生态与环境系统风险分析程序一般应由以下4个阶段组成,见图1-3。

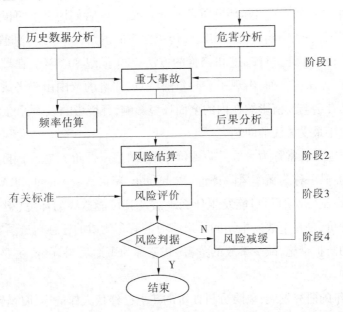

图1-3　生态与环境风险分析的一般内容和步骤

（1）风险辨识。通过对历史数据的分析和危害分析确定可能出现的重大事故。

（2）风险估算。根据对已确定的重大事故的频率估算和后果分析,给出其发生概率。

（3）风险评价。根据有关标准和系统的承受能力,对风险的可接受性给出合理评价。

（4）风险减缓。如果风险评价结果超出了生态与环境系统或人类社会的承受能力范围,则提出相应的风险减缓措施,以降低风险直到风险估算结果在承受能力范围内。

需要说明的是,生态与环境风险标准的制定往往同社会经济发展状况、文明程度及人们的心理承受能力紧密相关。就人类、生物群落和社会的承载能力来讲,目前国内外均没有形成一个共同的标准,也就是说,还没有统一确定的生态与环境风险标准。

1.3　生态与环境风险研究的国内外现状与发展

1.3.1　生态与环境风险分析研究的发展历程

生态与环境风险作为一个全球性的重大社会问题,是从产业革命开始的,由于当时只顾生产而不重视对生态与环境的保护,造成了严重的后果。进入20世纪中叶后,科技、工业、交通等迅猛发展,造成工业过分集中,城市人口过分密集,环境污染由局部扩大到区域,由单一的大气污染扩大到大气、水体、土壤和食品等多方面的污染,酿成不少震惊世界的公害事件。因此,为了治理和改善已被污染的环境,并防止新的污染发生,就必须加强生态保护和环境管理。

1964年在加拿大召开的国际环境质量评价会议上,学者们提出了"环境影响评价"的概念。在发达国家,环境影响评价的实践经历了曲折的道路,研究学者和管理人员们不断寻求对环境影响评价工作进行改进和完善的方法。20世纪80年代,在环境影响评价的对象、范围、程度、方法等方面,出现了一些新的特点,评价的范围由只考虑对自然因素的影响发展到包括社会与经济影响在内的全面环境影响,环境影响风险评价也应运而生,成为环境影响评价中最受关注的问题之一。

环境影响风险评价常称为事故风险评价(或事故后果评价),它在国际上主要是沿着三条路线发展的:其一称为概率风险评价(Probability Risk Assessment,PRA),它是在事故发生前,预测某设施(或项目)可能发生什么事故及其可能造成的环境(健康)风险;其二称为实时后果评价,是在事故发生期间给出实时的有毒物质的迁移轨迹及实时浓度分布,以便作出正确的防护措施,减少事故的危害;其三称为事后后果评价,主要研究事故停止后对环境的影响。

经过20多年的研究发展,风险分析评价的热点已经从人体健康评价转入生态与环境风险分析评价,风险因子也从单一的化学因子,扩展到多种化学因子及可能造成生态风险的事件;风险受体也从人体发展到种群、群落、生态系统、流域景观水平;评价范围则由局地范围扩展到区域水平。比较完善的生态与环境风险评价框架也在1998年美国《生态风险评价指南》出台后逐渐形成。

目前,国外在有关生态与环境风险分析方面比较有代表性的研究主要有:

1989年荷兰提出了其风险管理框架,并应用阈值(决策标准)来判断特定的风险水平是否能接受,创新之处在于利用不同生命组建水平的风险指标,其具体管理框架为危害识别、危害大小和发生概率评估阈值拟定及风险等级的确定。

1995年英国国家环境部要求所有环境风险评价和风险管理行为必须遵循国家可持续发展战略,强调对于重大环境风险,须采取行动预防并减缓潜在的危害,其创新点在于采取了"预防为主"的原则,其评价管理流程包括危害识别、后果判定、风险感知、风险评价和风险监管等部分。

1998年美国国家环境保护局正式颁布了《生态风险评价指南》,提出生态与环境风险评价"三步法",即问题形成、问题分析和风险表征。其中,问题形成主要是评价终点的确定,问题分析主要是对暴露、生态效应的测定及其响应的分析,风险表征是对风险的估计和描述。此外,要求在正式的科学评价之前,首先制定一个总体规划,以明确评价目的。

在生态与环境风险评价的数学方法上,主要采用污染物扩散模型、种群动态模型等,风险影响效果多以定量化的生物有机体死亡率、生长发育、繁殖力等指标来表示。在20世纪90年代后期的大尺度(如流域或更大尺度)生态风险分析评价方面:Valiela I 指出单个因子也可以导致对整个生态系统的影响;Cormier S M 等认为综合影响结果可用生态完整性系数、修改的健康系数、微生物种群系数来表示,但用这些参数去描述生态影响则存在着错误;Wayne G 等也指出,从个体影响外推到景观影响存在着不确定性。为此,科学家们逐渐认识到,区域环境特征不仅影响风险受体的行为、位置等,同时影响到风险因子的时空分布规律,于是区域生态风险分析评价便应运而生,黄圣彪、付在毅等将区域生态风险的评价方法总结概括为研究区的界定和分析、受体分析、风险识别与风险源分析、暴露与危害分析、风险综合评价等几个部分。

纵观生态与环境风险分析研究的发展历程,先后经历了从环境风险到生态风险再到区域生态与环境风险分析等阶段;风险源由单一风险源扩展到多风险源,风险受体由单一受体发展到多受体;同时,随着各基础学科的发展,一些新的分析技术和方法也正逐渐被应用于风险评估领域,如在模式识别、非线性回归及优化、不确定信息处理、数据分类与预测等方面占有强大优势的神经网络技术;从无规则和无序事件中有效找出有用、显著和有序事件的混沌理论;从传统的明确量化思维模式转变,汲取人脑模糊思维特点而保留更多有用信息的模糊理论;在系统外部信息明确、内部规律不确定甚至数据信息不全(即贫信息)的情况下进行建模分析的灰色系统理论;基于贝叶斯统计推断,借助尽可能多的先验信息与样本信息进行推理和决策的贝叶斯理论;利用模糊系统、神经网络、遗传算法对数据库中的数据进行分析的数据挖掘(Data Mining)技术,又称为数据库中的知识发现(Knowledge Discovery in Database, KDD)技术;通过 GIS 技术缩短信息库延滞于生态与环境变迁的动态时差,对环境影响的动态变化进行监测,具有连续性、区域性和准确性的遥感与 GIS 耦合技术,等等。这些理论方法的发展与完善,为深入开展生态与环境风险分析研究提供了良好的理论基础条件。

目前,欧美不少发达国家已经将水利工程的生态与环境影响风险分析摆在了十分重要的位置。这些国家在水利水电开发中,同时做到了单项工程开发的生态与环境风险分析、梯级开发的生态与环境风险分析及各工程在规划前、施工中、运行期各个阶段的生态与环境风险分析;印度、巴西等发展中国家也非常重视河流梯级开发的生态与环境风险分析。因此,从国外现状与发展趋势来看,社会与公众均十分关注和重视水利水电工程(包括单项工程和流域梯级工程)开发建设所带来的各种生态与环境风险问题,而相关研究人员也广泛致力于有关生态与环境风险分析的理论和方法研究,以期为水利水电工程开发的规划、设计、施工、运行和管理等提供科学决策依据。

我国从 20 世纪 80 年代开始逐渐重视对事故风险的防范与研究工作。国家环境保护局于 1990 年下发第 057 号文,要求对重大环境污染事故隐患进行环境风险评价。20 世纪 90 年代以来,在我国重大项目的环境影响报告中也普遍开展了环境风险的评价,特别是世界银行和亚洲开发银行贷款项目的环境影响报告,其中必须包含环境风险评价的章节。对于生态风险评价研究,国内也已经做过一些有意义的探索工作,但从取得的研究成果看,还难以系统地应用于环境影响评价当中,主要是因为生态风险评价不同于化学物质和物理变化导致的风险评价,它很难实现对环境破坏的直观评价,同时生态风险评价需要大量的基础数据和生态调查,以及对评价方法的系统研究,这些都需要投入大量的人力、物力和财力,即便在美国,也是在 1998 年才颁布了生态风险评价的导则。

综上分析,目前国内外针对水利工程开发,特别是针对流域梯级开发所带来的生态与环境风险问题的研究方面尚处于起步阶段,尤其在国内开展相关研究还比较稀少,尚需在以下多个方面进行系统研究和逐步完善:

(1)加强对风险的不确定性分析与量化研究。流域内动植物具有多样性,物种间外推、不同等级生物组织间外推存在着极大的不确定性。欲提高分析结论的可靠性,就需对不确定性的数量级和方向给出定量化的描述。

(2)风险分析研究的深度和广度均有待拓展。以往对非突发性风险评价研究较多,而对突发性环境影响风险评价研究较少;生态风险评价方面的研究有待加强,如何在潜在的生态关系中辨识出关键的、相关的生态风险影响,并评价其后果的严重程度,是亟待发展的领域;应充分重视对中小事故的风险分析研究,那些概率相对大得多的中小事故,其对于总风险的贡献,甚至完全可能超过所谓的极端事故;开展不同风险之间的比较研究,例如,仅就死亡人数和经济损失两个标准而言,对不同的风险事件往往难以对比评价,应探求合理的量化比较分析方法。

（3）在整理历史数据和补充新数据的基础上，加强和完善风险模型研究。数据分析是环境风险评价的首要内容，必须通过广泛调研、采集、统计、评估或采用试验方法对相关参数、数据等予以补充和确定，进而在对已有同类事故进行统计分析的基础上，针对现有风险评价和事故预测模型的不足进行优化改进，建立新的风险估算方法和评价模型。

（4）对风险源、风险受体等的认识范围有待拓展。如梯级开发的生态与环境风险受体种类繁多，如何选取典型的、有代表性的受体来描述流域生态与环境系统受危害的程度是风险分析的关键。目前的风险受体研究主要集中在个体和种群水平，应加强对群落和生态水平等较高层次的风险受体研究。

（5）积极开展风险应急计划、风险减缓、风险决策管理等研究。目前，国内外对这些方面的研究相对滞后，急需加强，否则对生态与环境风险分析和评价将失去意义和作用。

1.3.2 生态与环境风险分析的研究现状与发展趋势

鉴于本书主要针对黄河流域上游梯级开发在工程规划、设计、施工、运行、管理及与之相关的社会生产和经济活动等环节中的诸多生态与环境风险问题进行研究，下面将结合本书的主要研究内容，重点就水资源开发利用中的水质污染、生态与环境需水量、泥沙淤积与入库泥沙来量、水温变异等生态与环境风险问题的国内外研究现状与发展趋势进行述评。

1.3.2.1 水质风险研究

随着社会与经济的不断发展，世界各国对水能利用的需求不断提高，水资源开发的力度也逐步增大，随之而来的水环境污染问题日趋严重，水质风险问题日益引起人们的关注。国外和国内先后于 20 世纪 60、70 年代开始对水质风险问题进行研究。

水质风险评价是水环境风险评价的重要内容。在风险评价方法上，国外早期多采用指数法，到 20 世纪 80 年代以来，研究人员陆续提出和采用了一些新的方法，如数理统计方法、模糊数学方法、灰色系统理论方法、未确知理论方法等。

目前，国内外一般从突发性风险和非突发性风险两个方面进行水质风险的分析研究。突发性水质风险是指由于污染物质突发性或事故性泄漏排放到水体中而导致的水质超标风险，它具有突然性、巨大的破坏性及难以预测性等特征；非突发性水质风险是指由于环境中存在着大量复杂的不确定性因素，致使有毒有害物质即使是达标排放，却仍然存在着对水质造成污染的可能性，相对于突发性风险，非突发性水质风险具有潜伏性、长期性和复杂性等特征。

对于突发性水质风险的研究，绝大多数研究人员是基于随机理论或随机理论与其他不确定性理论相结合的方法来分析和评价风险发生的可能性，如：曾光明等从保证供水水质安全的角度出发，以有毒物质河流泄漏行为为例，提出了计算河流有毒物质断面超标风险率的数学分析方法,并进行了模拟分析;李嘉、何进朝等从危险源与环境因素两个方面进行河流突发性污染事故的风险评价,引入加权危险河段长度和河段危害权重的概念,给出了能够反映各河段重要性的危险源风险评价方法;孙鹏程、陈吉宁利用贝叶斯网络直观表示事故风险源和河流水质之间的相关性,并采用时序蒙特-卡洛算法,将风险源状态模拟、水质模拟与贝叶斯网络推理过程相结合,实现对多个风险源共同影响下的河流突发性水质风险的量化评估;此外,Zhang Weixin 等还尝试运用模糊理论对突发性风险问题进行研究。

在非突发性水质风险研究方面,随机理论、灰色系统理论和模糊理论都得到了不同程度的应用,如:苏小康等基于蒙特-卡洛模拟,完成了湘江随机水质模拟和排放口最优规划风险分析,并考察了风险水平与最小污水处理费用之间的关系;李如忠等基于水环境系统的随机性、模糊性及数据信息的不完备性,将河流水体支撑能力和污染负荷水平表示为三角模糊数,构建了度量河流水质风险的模糊评价模型;何理、曾光明基于灰色系统理论,将河流水环境系统视为灰色系统,定义了水质超标的灰色风险测度,并对水质非突发性风险进行了计算。

与国内偏重于研究水质风险的概率分析与风险评价不同,国外研究人员进行水质风险研究,主要是以事先给定的水质超标可能性大小作为约束条件,由此分析河流的同化能力,或者对允许排污负荷的分配问题进行研究,如 Fujiwara、Gnanendran 等就运用概率约束模型,以区域污水处理费用总和最小为目标函数,对给定水质超标风险条件下的河道排污负荷分配问题进行了研究。总体看,国外对于如何分析和计算水质超标的风险概率研究较少,因而从度量河流水质超标可能性大小角度进行水质风险问题的研究报道相对较国内要少。

1.3.2.2 生态与环境需水量研究

水既是人类赖以生存的物质基础,又是确保河流系统发挥正常功能的介质和动力。为了维持和保护流域生态系统的平衡发展,人类在流域梯级开发利用过程中,必须充分考虑其生态、环境和资源三大功能的有机结合,确保生态、环境与经济效益之间的协调与可持续发展。近些年来,在水资源开发利用过程中,尤其是流域梯级开发中的生态与环境需水量及其风险问题已引起了人们的关注,并逐渐展开了相关问题的研究,这对于实现流域水资源的合理开发与配置,促进水资源可持续利用具有重要意义。

从 1974 年对枯水流量概念的提出,到后来对最小可接受流量的研究,再到最小河流需水量、河流环境需水量、河流生态与环境需水量等问题的研究,目前国内外关于流域生态与环境需水量及其风险问题的研究已经取得了一定的进展。

在国外,早在 20 世纪 70 年代初美国就将河流需水量列入了地方法规,80 年代英国、新西兰、澳大利亚等国家开始对河流生态需水量进行研究,90 年代世界各国学者已普遍关注河流生态需水量方面的研究。国外关于河流生态与环境需水量的研究内容,主要集中在对生态与环境需水量与自然生境、生物多样性、鱼类栖息、水生生物指示物、树木生长、河流改道、水利工程开发、水库调度、经济用水等各方面之间的关系研究上;所采用的研究方法主要包括水文水力学基础方法(Tennant 法、7Q10 法、枯水频率法、R2CROSS 法、湿周法)、生物生态学基础方法(河道流量增加法、CASIMIR 法、多层次分析法、地形结构法)、整体法(建模块法 BBM、专家组评价分析法(亦称栖息地分析法)、桌面模型)等,这些方法各有特点和适用性,而且某些方法仅限于理论研究,在实际应用方面有其局限性,如:R2CROSS 法须对河流断面进行实地测量调查才能确定有关参数,故该方法实际应用难度较大;流量增加法则往往由于缺乏所需要的生物定量化资料,也限制了其实际使用。

在国内,研究人员开展河流生态与环境需水量方面的研究只是近十来年的事情,且不同学者对生态与环境需水量有着不同的定义和认识;但从天然河流所具有的功能来看,多数学者对水量和水质两个方面均提出要求:一方面要求有足够的水量以满足河流生态系统的需求,另一方面要求达到一定的水质标准以维持河流生态系统的健康状态。国内学者开展相关研究的内容主要包括河流基本生态与环境需水量、河流输沙排盐需水量、水面蒸发生态需水量、湿地生态与环境需水量、水土保持生态与环境需水量、入海区生态与环境需水量等方面;采用的研究方法主要有环境功能设定法、河流基本生态与环境需水量计算法、最枯月平均流量法、水量补充法、假设法等,计算公式大多依托水文与水力学知识进行推导建立。

然而,综观国内外有关生态与环境需水量方面的研究,在随着数学、流体力学等基础学科发展而取得广泛进展的同时,也暴露出了已有研究的某些不足,如:对生态与环境需水量各相关概念的定义尚不够明确;由于一水多用、不同生态需水量的界定不清等导致水量重复计算,定量化确定困难;时间、空间尺度不够准确;数据采集模式老化、计算方法发展缓慢;水资源调控模式、评价指标体系与管理体系的建立不够完善;由于流域内各生态与环境用水主体间是相互作用的有机整体,某些分析方法仅以各类生态与环境用水的简单叠加计算生态与环境需水量,其结果可靠性较低等。因此,对流域梯级开发的生态与环境需水量及其风险问题,还有很多问题值得深入研究。

1.3.2.3 泥沙淤积风险及相关问题研究

国内外水电开发的历史与经验表明,对河流的开发利用,必须同流域的生态与环境可持续发展结合起来,有效防止和减缓水库泥沙淤积,尽可能延长水库的寿命。因此,如何科学确定水库输沙的需水量,有效减缓泥沙淤积风险,对于保护已建水库的有效库容和充分发挥其经济与社会效益具有深远的意义。

河道水沙灾害的形成机制主要是受造成水沙变化过程的各种动力因子影响,如流量、上游来沙、河道地形和下游控制基准面等,这些因子的共同作用使得水沙演变过程成为一个复杂的非线性动力学过程。目前,国内外对河道泥沙淤积及其冲淤变化过程的研究方法,主要有水动力学方法和水文学方法。水动力学方法从完整的圣维南方程组和泥沙运动基本方程出发,详细考虑水流泥沙沿河道传输中的各水力要素,计算精度高;但由于影响因素复杂,同时缺乏完整的地形资料、水沙资料和区间产流资料,因此水动力学方法的应用存在一定难度。水文学方法是一种简化的计算方法,如相应水位(流量)法,流量(水位)时段涨差法、出流与槽蓄关系法等,这类方法经验半经验性较强,当河道地形发生改变或外界条件发生突然改变时,用以往资料建立的河段槽蓄量值函数关系不再适用,使得该类方法的应用受到一定限制。在水库泥沙冲淤变化预测模型研究方面,国内外研究人员已取得了一些成果,所建立的预测模型可大致分为三类:一是概念性泥沙冲淤模型,如回归分析法、数理统计法等;二是数值性泥沙冲淤模型,包括水动力学、水文学泥沙数学模型;三是黑箱泥沙冲淤模型,如模糊数学法、灰色系统法、ANN 模型等。尽管各种预测模型均有一定的适用性,但由于受到数理方法、优化求解、实际应用等方面影响,又不可避免地存在着各自的局限性。

输沙需水量通常指用于输送河道水流中单位质量的泥沙所需的最小水量。输沙用水受上游来水来沙、泥沙粒径、河道类型、河道地形地质、水利工程建设等方面的影响。对多沙河流而言,输沙用水是其维持河道系统健康功能的重要方面,输沙用水是生态需水量的主要构成部分之一。黄河作为国内外著名的多沙河流,保证足够的输沙用水是满足挟沙入海的基本条件;否则,泥沙在下游河道的淤积将造成河床的迅速抬升,从而加剧洪水的潜在威胁。近年来,随着黄河上游干流梯级开发力度的进一步加大,其在泥沙淤积方面的风险逐渐显现出来。因此,有关黄河输沙用水量的研究长期以来一直受到重视,也取得了一些实用性成果,如:赵业安等计算了黄河下游若干代表站在汛期、非汛期和凌汛期的输沙用水量,并对洪峰期输沙用水量作了计算统计,给出了高效输沙洪水的流量范围和含沙量范围;王贵香等对黄河下游凌汛期输沙用水量进行了研究;岳德军等分析了黄河下游汛期与非汛期输沙用水。此外,在如何利用高含沙水流提高输沙效率及黄河下游河道形态演变等方面的研究中,也涉及对输沙用水的讨论。

1.3.2.4　库水水温风险及其时空分布规律研究

在国外,美国和苏联在 20 世纪 30 年代即开始了对库水水温的监测分析工作,并在水温数学模型的建立和应用方面一直处于世界前列;苏联在水温现场试验方面做了大量深入细致的工作;日本在水库分层取水、水库低温水灌溉对水稻产量的影响等方面进行了很多研究。到 20 世纪 70 年代,国外对水库水温的研究一直比较活跃。

国内自 20 世纪 50 年代中期开始水库水温的监测与研究;60 年代水库水温监测在大中型水库逐渐展开;70 年代中期以来,研究人员提出了不少预测水库水温的经验类比方法;80 年代我国引进了 MIT 模型,并对其进行了扩充和修改,提出了"湖温一号"湖泊、水库和深冷却池水温预报通用数学模型;后来,国内学者不断对库水水温的一维数学模型进行了修改和补充完善;到了 90 年代,有研究人员进行了水库二维水温计算。

综观国内外有关水库水温的拟合与预测分析方法,主要有经验法和数学模型法。前者简单实用,但精度欠佳;数学模型法在理论上较严密,根据其包含的变量空间分布,可分为零维、一维、二维和三维模型法,其中二维数学模型又分为两种,即沿深度平均的平面二维模型和沿宽度平均的立面二维模型。

对于水深较大的水库,水体垂直密度分层明显,容易产生温差异重流。对这种情况,"先解流速场,再将流速值代入水温方程进行求解"的常规处理方法便不再适用,因为常规方法并没有考虑水流和水温之间的耦合作用。为此,国内学者将考虑浮力的 $k\sim\varepsilon$ 双方程模式引入到水库水流运动的描述中,并将水动力方程与水温水质方程进行耦合建模,以求解水流、水温沿纵向和垂向的分布变化。

1.4　研究内容与研究方法

1.4.1　研究内容

对流域梯级开发模式可能引发的各种生态与环境风险问题及其分析方法进行系统研究。以黄河上游梯级开发为工程背景,在有效辨识梯级开发的各类生态与环境风险基础上,重点针对水质污染、泥沙淤积与水库来沙量、水温变异、生态与环境需水量短缺等梯级开发可能导致的生态与环境风险问题,提出合理的分析方法,建立相应的分析模型,提出风险管理的合理方法,从而为流域梯级开发的生态与环境风险管理提供科学决策依据。

在简要阐明研究背景与意义、简单介绍生态与环境风险的基本概念,并对生态与环境风险的国内外研究现状与发展趋势进行综合述评的基础上,重点针对水资源利用与流域梯级开发模式下可能导致的水质风险、生态与环境需水量风险、泥沙淤积风险与水库泥沙来量、库水水温风险及其时空分布规律等问题的建模分析方法与工程应用进行研究。

主要研究内容包括:

(1)流域梯级开发的生态与环境风险辨识研究。基于对黄河水资源利用概况与上游梯级开发现状的分析,结合流域梯级开发和水资源开发管理实际,对梯级开发模式下可能导致的生态与环境风险进行有效辨识,这是风险分析研究的基础。

(2)基于灰色-随机复合不确定性的梯级开发水质风险分析方法研究。如何结合流域梯级开发的规划与建设实际,采用科学合理的方法对其可能带来的水质风险进行定性分析和定量分析,是当前水利工程和生态与环境研究领域面临的一项重要课题。本书拟就流域梯级开发的水质风险量化及其不确定性问题进行研究,在探讨梯级开发水质风险与不确定性分析的内容和实施步骤基础上,对随机与灰色两种不确定性交互作用而形成的水质风险复合不确定性问题进行研究,建立流域梯级开发的水质超标灰色-随机风险率计算方法,并研究其工程应用。

(3)基于风险因子层次分析法的生态与环境需水量模糊神经网络模型研究。流域梯级开发模式下的生态与环境需水量及其风险问题已引起人们的极大关注,但目前国内外有关生态与环境需水量方面的研究,尚存在着基本定义不明确、水量重复计算、定量化困难、时间与空间尺度不准确、计算方法适用性差等不足。本书拟在合理划分生态与环境需水量概念的基础上,对流域梯级开发模式下的生态与环境需水量的建模拟合及其风险问题进行研究,基于考虑生态与环境需水量各种风险因子相互作用的层次分析法,建立梯级开发生态与环境需水量的模糊神经网络模型,并进行工程实例应用与成果对比分析研究。

(4)梯级开发的泥沙淤积风险及水库泥沙来量预测的偏最小二乘法回归(PLSR)模型研究。泥沙淤积风险是流域梯级开发利用中必然要面临的问题,对水库泥沙淤积状况进行科学分析和预测,可以为流域梯级开发的工程规划、设计和运行管理提供科学依据。黄河属多沙河流,长期以来各方面均十分重视黄河的泥沙淤积风险、泥沙淤积量及入库泥沙量预测等科学研究问题。本书拟在对流域梯级开发的泥沙淤积风险进行系统分析的基础上,针对黄河上游梯级开发模式下水库的来沙量进行(PLSR)建模预测与分析研究。

(5)梯级开发的库水水温风险与时空分布拟合模型研究。流域梯级开发会改变原河道水流的水文与水力学条件,进而导致其热力学状况变化,使得各级水库及其下游河道的水体温度分布发生较大的时空变异,从而对水生生物繁衍生长、农田灌溉用水、城镇生活用水、工业生产用水、水库水质等产生不利影响。为此,本书拟在对流域梯级开发模式下的库水水温风险及其时空分布规律进行研究的基础上,探讨在库水水温变异可能造成的各种影响风险基础上,重点研究梯级开发模式下库水水温的时空分布变化规律及其模型拟合方法,为梯级水库运行管理提供科学决策依据。

(6)流域梯级开发模式下的生态与环境风险管理研究。风险识别与风险评价为风险管理奠定了基础,而对风险进行有效的防范与减缓,将风险损失控制在可接受范围,则是风险管理的目的所在。因此,对梯级开发模式下的生态与环境进行风险评价的最终目的就在于风险管理与决策,生态与环境风险管理是整个风险分析的最终目标。如何针对流域梯级开发的具体特点,系统建立有关生态与环境风险的防范管理对策和减缓措施,是实现梯级开发模式下对生态与环境风险进行科学管理的重要手段。本书拟在综合分析流域梯级开发可能导致的各种生态与环境风险基础上,搭建相关风险管理的基本框架体系,对风险管理的不同阶段提出相应的应对机制,针对各种生态与环境风险问题提出合理的风险减缓措施。

1.4.2　研究方法

针对本书的各项研究内容,拟采用的研究方法如下:

(1)流域梯级开发的生态与环境风险辨识。鉴于本书主要结合黄河上游梯级开发的生态与环境风险问题进行研究,因此首先通过对现场调研、资料收集、资料整理与分析,对黄河流域的水资源特点、生态与环境概况、水资源利用与管理现状、上游梯级开发规划等状况进行梳理;在此基础上,深入分析流域梯级开发可能带来的生态与环境影响,进而对流域梯级开发的生态与环境风险及其累积效应进行系统辨识和分析,从而为相关各种风险分析研究奠定基础。

(2)梯级开发的水质风险复合不确定性分析方法研究。流域梯级开发模式下,影响水质污染的诸多不确定性因素往往共同存在、相互影响和相互渗透,如果仅单一考虑其中的某种不确定性作用,显然不尽合理。本书将流域梯级开发中影响水质风险的诸多不确定性作用看做随机作用,把各种不确定性之间复杂的不明确关系看做灰色,由此可以将诸多不确定性的共同作用简化处理为仅由灰色和随机不确定性构成,从而展开对灰色-随机不确定性交互作用下的复合不确定性问题的研究;将灰色理论和随机概率分析方法进行有机结合,在强调对流域梯级开发水质风险的灰色-随机不确定性进行描述与量化的同时,通过对功能函数的确定,将水质污染的灰色-随机风险概率转换成一般随机风险概率,然后应用改进一次二阶矩法,实现对流域梯级开发水质风险的不确定性分析与计算。

(3)基于风险因子层次分析法的生态与环境需水量模糊神经网络模型研究。针对目前国内外关于流域梯级开发模式下生态与环境需水量及其风险问题研究在基本定义、水量计算、时间与空间尺度、计算方法适用性等方面的不足,本书拟在明确生态与环境需水量概念的基础上,首先确定影响生态与环境需水量风险的主要因子,采用多因子层次分析法考虑各因子间的相互作用,建立生态与环境需水量各风险因子间的相互联系,有效避免单一因子分析的不足;然后利用模糊神经网络理论对流域梯级开发的生态与环境需水量进行建模分析,将多因子层次分析法确定的各指标组合权重值作为模糊神经网络模型中的影响因子初始权值输入,有效消除随机赋予输入层因子初始权值对模糊神经网络模型结果的影响,实现多因子共同作用下对梯级开发的生态与环境需水量的预测;最后,利用Matlab编程,并结合黄河上游梯级开发实例进行工程应用分析。

(4)梯级开发的泥沙淤积风险及水库泥沙来量的PLSR模型研究。首先,对流域梯级开发的泥沙淤积风险进行系统分析,重点对影响泥沙淤积风险的因子进行识别和分析;然后,结合梯级开发模式下水库泥沙来量各影响因子之间存在多重相关性的特点,建立梯级水库泥沙来量拟合与预测的PLSR模型;最后,结合黄河上游梯级开发实际,采用所建立的PLSR模型,对龙—刘段主要梯级水库的泥沙来量进行预测和分析。

(5)梯级开发模式下的库水水温风险及其时空分布拟合模型研究。在总结已有研究成果的基础上,对流域梯级开发模式下的库水水温风险及其时空分布规律进行研究。首先,分析梯级开发可能导致的库水水温风险;然后,通过对库水水温分层的形成、发展和变化规律的深入探讨,建立梯级开发库水水温分布的立面二维数学模型;最后,将所建模型用于黄河上游某梯级水库的水温预测。

(6)流域梯级开发模式下的生态与环境风险管理研究。在综合分析流域梯级开发可能导致的各种生态与环境风险的基础上,首先研究风险管理的内容和实施步骤;然后针对风险管理的不同阶段提出相应的应对机制,建立风险管理的框架体系;最后针对生态与环境需水量、水质风险、泥沙淤积风险、库水水温风险等生态与环境风险问题,提出相应的风险减缓措施。

图1-4为本书的研究内容和研究方法结构框图。

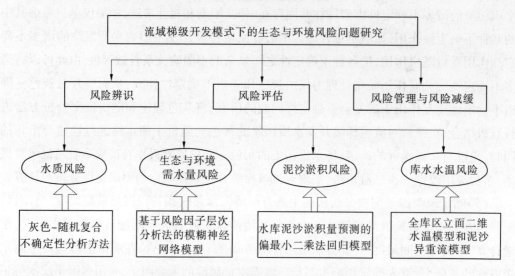

图1-4 研究内容和研究方法结构框图

2 流域梯级开发的生态与环境风险辨识

2.1 黄河水资源概况与上游梯级开发现状

黄河是中华民族的发源地,早在6 000多年前,流域内已开始出现农事活动。世界各地的炎黄子孙,都把黄河流域当做中华民族的摇篮,称黄河为"母亲河"。

据地质演变历史考证,黄河是相对年青的一条河流。在距今115万年前的早更新世,流域内只有一些互不连通的湖盆,各自形成独立的内陆水系。此后,随着西部高原的抬升,河流侵蚀夺袭,历经105万年的中更新世,各湖盆间逐渐连通,构成黄河水系的雏形。到距今10万至1万年间的晚更新世,黄河才逐步演变成为从河源到入海口上下贯通的大河。

黄河属太平洋水系,是中国的第二大河,发源于青藏高原巴颜喀拉山北麓海拔4 500 m的约古宗列盆地,由西向东穿越黄土高原和黄淮海大平原,最后注入渤海;黄河流经青海、四川、甘肃、宁夏、内蒙古、山西、陕西、河南、山东9省(区),干流河道全长5 464 km,水面落差4 480 m,流域面积约79.5 × 10^4 km^2(含内流区面积4.2万 km^2)。它是中国西北、华北地区的重要水源,全河多年平均天然径流量580 × 10^8 m^3,占全国河川径流总量的2.2%;其中花园口断面559 × 10^8 m^3,约占全河的96%;兰州断面天然年径流量323 × 10^8 m^3,约占全河的56%。从产流情况看,水量主要来自兰州以上和龙门到三门峡区间,该两区所产径流量约占全河的75%。

黄河年输沙量16 × 10^8 t,平均含沙量达35 kg/m^3,是举世闻名的多沙河流。黄河支流呈不对称分布,沿程汇入不均,而且水、沙来量悬殊。大于100 km^2的一级支流,左岸96条,右岸124条,左、右岸的流域面积分别占全河流域面积的40%和60%。黄河流域面积的沿程增长率平均为138 km^2/km,其中禹门口至潼关河段高达1 465 km^2/km,是平均值的10.6倍,因而由该河段形成的洪水和泥沙特别集中;桃花峪以下流域面积增长率不到30 km^2/km,其接纳自身河段的水、沙量均较少,是一条承受和排泄上中游来水与来沙的总干渠。

2.1.1 黄河水资源的基本特点

黄河水资源具有资源贫乏,时空分布极不均衡,水资源呈减少趋势,河道迁徙变化剧烈,输沙、生态与环境用水及流域外供水任务重等特点。

2.1.1.1 水资源贫乏

黄河流域面积占中国国土面积的 8.3%，人口占全国的 12%，耕地占全国的 15%，但黄河天然径流量仅占全国的 2.2%，水资源总量仅占全国的 2.5%；流域内人均水资源总量 647 m^3，不到全国人均水资源总量的 30%；耕地亩均水资源总量 290 m^3，仅为全国亩均年径流量水平的 20%。如果包括流域外的黄河下游引黄地区，黄河供水区人均水资源总量 471 m^3，低于国际通用的水资源极度紧缺标准 500 m^3，耕地亩均水资源总量 251 m^3，人均和耕地亩均水量仅略高于海河流域，均居全国七大江河第六位。

2.1.1.2 水资源时空分布极不均衡

受气候、地形和产流条件等因素影响，黄河水资源时空分布极不均衡。河源地区集水面积约占全流域的 17%，人口和耕地面积均不足全流域的 1%，水资源量占全流域的 29.3%；上游的兰州—河口镇区间，集水面积占全流域的 21%，人口和耕地面积分别占全流域的 14% 和 20%，其水资源量却仅占全流域的 5.7%，计入汇流和干流河道损失，河口镇断面的天然径流量仅较兰州断面多 2×10^8 m^3。黄河下游因地上悬河，汇流面积小，利津断面的天然径流量较花园口断面也仅多 2×10^8 m^3。

黄河河川径流年变差系数为 0.25 左右，花园口断面天然径流的丰枯极值比为 2.85，这十分不利于水资源利用。黄河径流年内分配集中，7~10 月径流量占年径流量的 60% 以上，3~5 月农业用水高峰期的天然来水量仅占年径流量的 10%~20%，供需矛盾十分尖锐。

黄河连续枯水段的历时在北方河流中最长。1922~1932 年、1969~1974 年、1990~2002 年三个连续枯水段分别持续 11 年、6 年和 13 年。这三个时段平均天然径流量分别为多年平均值的 70%、87% 和 74%。

2.1.1.3 水资源量呈减少趋势

20 世纪 80 年代以来，由于降水偏枯，以及流域水土保持生态与环境建设、地下水开发利用和雨水蓄积利用对下垫面的影响，使同等降雨条件下黄河流域部分区域河川径流量有所减少。据第二次水资源评价分析，由于下垫面变化致使黄河多年平均天然河川径流量减少 36×10^8 m^3，减幅为 5.9%。随着经济社会活动加剧，黄河流域因下垫面条件变化而导致的水资源量减少是难以逆转的。

2.1.1.4 河道迁徙变化剧烈

由于黄河的洪水挟带大量泥沙，进入下游平原地区后迅速沉积，主流在漫流区游荡，人们开始筑堤防洪，行洪河道不断淤积抬高，成为高出两岸的"地上悬河"，在一定条件下就决溢泛滥，改走新道。黄河下游河道迁徙变化的剧烈程度是世界上独一无二的。由于河道的不断变迁改道，以及海侵、海退的变动影响，黄河下游地区的河道长度及流域面积也在不断变化，这是黄河不同于其他河流的突出特点之一。

2.1.1.5 输沙、生态与环境用水及流域外供水任务重

由于输沙量大、含沙量高而致使河道持续淤积萎缩,成为危及黄河健康生命的首要问题。减缓河道淤积强度,必须保持必要的输沙水量和过程。按照多年平均输沙入海水量 210×10^8 m³ 的低限要求,黄河河川径流的开发利用率不能高于 60%。

黄河流域内干旱、半干旱区域面积占 32% 以上,其中侵蚀强度大于每年 5 000 t/km² 的多沙区面积 21×10^4 km²,这些地区生态与环境脆弱,生态与环境保护建设特别是多沙区水土保持需要一定水量。

黄河向流域外供水任务重。2000~2004 年,黄河下游流域外耗水规模已达全河地表耗水量的 30% 左右,其比例在北方主要河流中为最大。

2.1.2 黄河水资源利用与梯级开发状况

黄河水资源开发利用历史悠久,但直到 1949 年后才有较大发展。我国在黄河流域水资源开发利用方面相继投入大量人力、物力和财力,兴修了一系列的防洪、除涝、治碱、灌溉、供水和水力发电工程,并大力开展水土保持工作,供水范围由流域内发展到流域外,为黄河水资源的综合开发利用创造了良好条件。

近几十年来,黄河水资源供水总量增速趋缓。1950 年、1980 年、1990 年和 2000 年,黄河供水区供水量分别为 120×10^8 m³、413×10^8 m³、444×10^8 m³ 和 505×10^8 m³,50 年间总供水量增加了 3.2 倍,其中 1950~1980 年黄河供水区供水量增加 293×10^8 m³,年均增长率为 13.2%,1980 年以来供水总量增加了 92×10^8 m³,年均增长率为 1.0%,增速明显趋缓。

在用水结构方面也发生了较大变化。1980~2000 年黄河流域工业化和城镇化加快,工业用水比例从 1980 年的 8.2% 提高到 2000 年的 13.4%,城镇生活用水比例从 1.7% 提高到 4.5%。其中 1990~2000 年,黄河供水区工业和城镇生活取水量分别增加 12.9×10^8 m³ 和 8.4×10^8 m³,年均增长率分别为 2.2% 和 5.0%。而农业用水比例从 1980 年的 90% 下降到 2000 年的 79%,其中农田灌溉用水比例从 1980 年的 84% 下降到 2000 年的 71%。

从目前现状看,黄河水资源开发利用程度较高,其超载情况较为严重。由于水资源开发过度,黄河河道内生态与环境和输沙用水大量被挤占,1997~2003 年入海水量仅占花园口天然径流量的 17.5%,仅相当于分配输沙入海水量的 48%。同时黄河干流基流过小,支流断流加剧,地下水超采等水资源超载情况严峻。

20 世纪 80 年代以来,黄河支流断流情况越来越严重。一是断流的支流数量逐渐增加,20 世纪 80 年代汾河、渭河、沁河等主要支流断流,90 年代主要支流伊河断流,到 2000 年较大支流的断流数量增加到 10 余条;二是断流频度增加,1980 年以来汾河、沁河、大黑河年年断流,大汶河、金堤河、渭河有 2/3 以上年份断流;三是断流的河道长度逐渐增加,

如中游的渭河,80 年代干流的陇西—武山河段、甘谷—葫芦河口河段断流,1995 年葫芦河口—籍河口河段出现断流。1999 年实施黄河干流水量统一调度以来,虽然遏制了干流断流现象,但干流重要断面流量仍很小,头道拐、龙门、潼关、利津等断面出现小于 50 m^3/s 的天数分别为 34 d、18 d、25 d 和 468 d。

1980 年以来黄河流域地下水开采量增加迅猛,增幅占供水总量增幅的 57%,局部地区超采严重。从整体看,黄河流域地下水开发利用程度已经到了很高的水平。目前,黄河流域存在主要地下水漏斗区 65 处,甘肃、宁夏、内蒙古、陕西、山西、河南、山东等省(区)均有分布,其中陕西、山西两省超采最为严重,分别存在漏斗区 34 处和 18 处。

黄河流域各类水利工程的分布大致为:大型水库主要分布在上中游地区,其中大型骨干水库主要分布在上游地区;中小型水库、塘堰坝、提水和机电井工程主要分布在中游地区,而引水工程多位于黄河上游和下游地区。

黄河上游鄂陵湖出口至宁夏青铜峡水电站,全长 2 383 km,河道落差 3 135 m,地跨青海、四川、甘肃、宁夏、内蒙古 5 省(区),该河段共规划布置约 40 座梯级水电站,总装机容量 2 498.8 × 10⁴ kW。其中,龙羊峡以上干流的水力资源主要集中于鄂陵湖出口至羊曲河段,该河段长 1 360 km,天然落差 1 670 m,海拔 2 600 ~ 4 300 m,共规划了 16 座梯级电站,自上而下分别为黄河源、特合土、建设、塔格尔、官仓、赛纳、门堂、塔吉柯一级、塔吉柯二级、扣哈、宁木特、玛尔挡、尔多、茨哈、班多、羊曲,总装机容量 797.8 × 10⁴ kW,年发电量 333.85 亿 kWh。

龙羊峡至青铜峡河段(简称龙—青段)长 918 km、落差 1 342 m 的规划有 25 座梯级水电站(见图 2-1),总装机容量 2 500 × 10⁴ kW。目前已建 15 个,在建 7 个,未建 3 个。从上游到下游依次为龙羊峡、拉西瓦、尼那、山坪、李家峡、直岗拉卡、康扬、公伯峡、苏只、黄丰、积石峡、大河家、炳灵(寺沟峡)、刘家峡、盐锅峡、八盘峡、河口、柴家峡、小峡、大峡、乌金峡、小观音、大柳树、沙坡头、青铜峡,总装机容量 1 701 × 10⁴ kW,年发电量 602 × 10⁸ kWh。龙—青段梯级电站是目前国内综合利用任务最多、调度运行最复杂、涉及区域最广的梯级水电站群,承担着向陕、甘、青、宁电网供电,以及下游地区灌溉、防洪、防凌等综合利用任务,其中龙羊峡、刘家峡按既定联合调度规则进行管理,其他梯级电站按径流式水电站考虑,如大河家水电站在设计时,其入库流量过程与其上游积石峡水电站的出库流量过程相同。

2.1.3 黄河水资源管理状况与发展

2.1.3.1 流域初始水权分配管理

1987 年国务院批准了南水北调工程生效前黄河可供水量分配方案,这是我国大江大河首次进行流域初始水权分配。该方案将黄河天然径流量中的 370 × 10⁸ m³ 可供水量分配给流域内 9 省(区)及相邻缺水的河北省、天津市,分配河道内输沙等生态用水量为

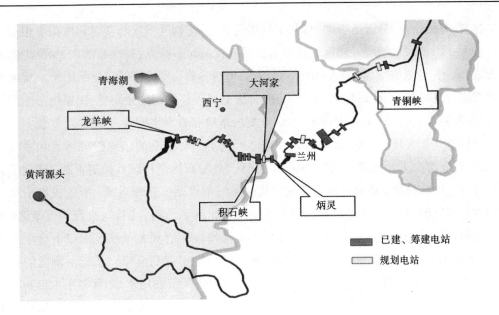

图 2-1 黄河上游龙—青段梯级水电站规划示意图

210×10^8 m³,使黄河成为我国大江大河首个进行全河水量分配的河流。尽管该分水方案较为宏观,但也分河段、分地区、分干支流进行了地表水的微观分配,它对于目前黄河水资源管理与调度仍具有重要的指导意义。

2.1.3.2 流域取水许可总量控制管理

按照国务院《取水许可制度实施办法》和水利部授权,黄河水利委员会(简称黄委)率先实施了以流域为单元的取水许可总量控制管理,并于 1994 年开始在黄河流域管理中全面实施取水许可制度,负责黄河干流及重要跨省(区)支流取水许可的全额或限额管理。2005 年开始针对一些省(区)虽然引黄用水总量没有超国务院分水指标,但干流或支流用水增加迅速的现实,在取水许可管理中开始实施干流与支流用水的双控制。

2.1.3.3 黄河水权转换管理

目前,黄河流域农业用水约占全部引黄用水量的 79%,灌溉水利用率较低,农业用水存在较大的节水潜力。为积极探索利用市场手段优化配置黄河水资源的途径,支持地方经济社会的可持续发展,促进节水型社会建设,引导有限的黄河水资源向高效益、高效率行业转移,黄委 2003 年开始开展了黄河水权转换试点工作,由新建工业项目的业主单位出资进行灌区节水改造工程建设,将渠道输水过程中渗漏损失的水量节省下来,有偿转换给新建工业项目。2004 年 6 月黄委制定了《黄河水权转换管理实施办法(试行)》,初步建立了有黄河特色的水权转换制度。

2.1.3.4 黄河水量统一调度管理

为缓解黄河流域水资源供需矛盾和黄河下游频繁断流的严峻形势,经国务院批准,从 1999 年 3 月开始正式实施黄河水量统一调度。黄河水量统一调度实行总量控制、断面流量控制、分级管理、分级负责的原则,实行年计划、月旬调度方案与实时调度指令相结合的调度方式。黄河水量统一调度的首要目标是确保黄河不断流;其次是落实1987年国务院批准"八七"分水方案,统筹上、中、下游用水,促进各省(区)、各部门公平用水。黄河水量调度实行总量控制,计划配水,分级管理、分级负责。总的调度原则是:国家统一分配水量,流量断面控制,省(区)负责用水配水,重要取水口和骨干水库统一调度。

经过近几年水量调度的探索实践,目前已形成了一套健全的组织管理体系和协商沟通机制,建立健全了各项规章制度,实行了省(区)界断面流量行政首长负责制,建立了突发事件快速反应机制,高起点建设了现代化的黄河水量调度管理系统,有效提高了水资源管理与调度能力,提升了流域水资源管理的现代化水平。随着《黄河水量调度条例》的颁布实施,当前调度河段已从刘家峡水库以下干流河段扩展到龙羊峡水库以下全干流河段,并延伸到渭河、沁河等重要支流,调度时段从非汛期扩展到全年。从统一调度的实施效果来看,一方面,既满足了经济社会发展用水,还促进了节约用水,超计划用水得到一定遏制;另一方面,既增加了河流生态用水,又实现了黄河连年不断流,遏制了流域特别是下游地区生态恶化的趋势,以往断流破坏的河道湿地得到修复,水生生物的多样性也正得到恢复,河口三角洲地区生态与环境开始向好的方向发展。

2.1.4 黄河水资源利用与管理中的主要问题

2.1.4.1 水资源供需矛盾加剧

近20多年来,随着黄河流域人口的增加和经济社会的快速发展,黄河水资源承载压力日益增大。一方面,河流输沙及生态与环境用水被大量挤占,河流健康和流域生态系统呈现出整体恶化的趋势;另一方面,工农业生产用水受缺水制约愈加严重。离黄河入海口最近的利津水文站,实测平均入海水量占同期天然径流量的比例逐渐降低,在20世纪50、60年代分别为81%、75%,70、80年代分别为57%、46%,90年代为31%,而2000~2002年平均入海水量仅占同期天然径流量的13.2%。

根据黄河流域的自然环境、生态、经济和社会发展趋势预测,未来20~30年内的用水需求还会有较大增长,缺口将达到$60 \times 10^8 \sim 70 \times 10^8$ m³,这主要取决于以下几个方面:第一,从实现人水和谐、维持黄河健康生命看,目前挤占的生态用水需要回用于生态,对照1986年以来实测水量,按正常来水年份入海水量210×10^8 m³所占比例测算,河道内生态缺水35×10^8 m³;第二,黄河上中游地区能源丰富,工业化进程加快,预估未来20年工业仍将维持较高的增长速度,用水总量将增加15×10^8 m³左右;第三,流域内湖泊、湿地和城市景观等生态与环境用水量增长幅度加快,今后20年至少增长10×10^8 m³左右;第四,基于保障国家粮食安全、稳定和扩大灌溉面积的战略考虑,2020年前黄河供水区的农业用水控制零增长有相当的难度;第五,城乡生活用水也将保持一定增加。

2.1.4.2 泥沙淤积严重

由于河道输沙水量不足,黄河下游"二级悬河"形势加剧,2002年以来虽经4次成功调水调沙冲刷,但是下游河槽最小过洪能力仍仅为 3 500 m³/s,防洪形势十分严峻。由于输沙水量被挤占,黄河的悬河形势已蔓延至上中游河段,宁蒙河段下首的头道拐断面,1968～1986 年实测来水量 242×10⁸ m³,1987～1996 年实测来水量 174×10⁸ m³,减少了 28%,巴彦高勒、三湖河口、头道拐三个断面分别抬高 3.7 m、2.5 m 和 0.6 m。

黄河干流禹门口—潼关河段,1987～2002 时段与 1974～1986 时段相比,年均河段来水量减少了 113.3×10⁸ m³(减幅为 36%),导致该河段在年均来沙量减少了 1.42×10⁸ t(减幅约 23%)的情况下,年淤积沙量却增加了 0.44×10⁸ t,河势恶化进一步加剧。

由于过度开发,黄河源区的草场退化、土壤沙化加剧,如果治理恢复不力,将明显减少黄河径流。初步估算,1990 年以来河源区径流系数减小 0.1,减幅接近 25%;由于入海水量不足,河口地区湿地和生物多样性受到威胁;由于地下水采补失调,流域内山西、陕西等省(区)局部地区出现了大范围地下漏斗。

2.1.4.3 水污染日趋严重

近 20～30 年来,黄河水污染呈迅速发展的不利趋势。流域内城镇工业废水和生活污水排放量由 1980 年的 21.7×10⁸ t 增加到目前的 45.0×10⁸ t 左右,排污量相当于全国的 10%,河流污径比已达 10%。黄河干支流劣于Ⅲ类水的河段长度比例,由 20 世纪 80 年代的 40% 上升到 90 年代末的 60%,进入本世纪以来进一步升高到 70%～80%。

根据水利部黄委颁布的黄河水资源公报,黄河水系属中度污染。44 个地表水国控监测断面中,Ⅰ～Ⅲ类、Ⅳ～Ⅴ类和劣Ⅴ类水质的断面比例分别为 34%、41% 和 25%。黄河干流在青海段、甘肃段水质优良,河南段、宁夏段、陕西—山西段、内蒙古包头段和呼和浩特段、山东菏泽段为轻度污染,内蒙古乌海段为重度污染。黄河支流总体为重度污染。伊河水质为优、洛河水质良好,大黑河、灞河、沁河为轻度污染,湟水河、伊洛河为中度污染,渭河、汾河、涑水河、北洛河为重度污染。

根据 2007 年《黄河流域地表水资源质量公报》,在黄河流域总评价河长中,56.4% 河长的水质劣于Ⅲ类标准,其中干流 29.4%、支流 66.3% 的河长水质劣于Ⅲ类标准;黄河国控省界断面水质较差,所评价的 30 个省界断面中,56.7% 的断面水质劣于Ⅲ类标准;评价 13 处城市供水水源地(饮用水),4 处水质不符合集中式生活饮用水地表水源地要求。兰州以上干流地区由于污染源少,水质较好,一般为Ⅱ～Ⅲ类水;兰州以下由于支流汇入和工农业、生活废污水排放等原因,干流水质很差,基本为Ⅳ～劣Ⅴ类水,且劣Ⅴ类水断面占到 81.8%,汛期水质相对好于非汛期水质。对照功能区水质目标,2007 年黄河流域参加达标统计的 116 个重点水功能区,全年达标率仅为 35.3%,主要污染指标为石油类、氨氮和五日生化需氧量。严峻的水污染形势高度威胁供水安全,部分河段和区域已经形成水质型缺水现象,并造成巨大的经济损失。

2.1.4.4 用水效率低下

由于供水水价严重偏低,目前黄河水资源浪费现象仍没有得到有效遏制,其用水效率低下。黄河供水区 2001 ～ 2004 年农田灌溉平均引水 $270 \times 10^8 \ m^3$,是黄河的用水大户。由于管理粗放、种植结构不合理、灌区工程配套差,灌溉水利用系数仅在 0.4 左右;大中城市工业用水重复利用率也只有 40% ～ 60%,用水效率亟待提高。

2.1.4.5 水资源调度与管理薄弱

黄河水资源的调度管理手段相对落后,历史上相当长的时期内,黄河水资源统一管理与调度主要依靠行政措施和技术措施,由于法律责任不明确,部分省(区)仍存在超指标引水现象。由于水权分配尚未到市县以下行政区域,加上原取水许可管理制度缺乏约束力,黄河支流取水许可管理薄弱,部分省(区)总量控制难以完全到位。

2.2 流域梯级开发的生态与环境影响及风险辨识

2.2.1 梯级开发的生态与环境影响分析

流域梯级开发一般规模庞大,如果规划、管理或实施不善,就很可能对流域自然生态与环境造成不利影响。麻泽龙、刘兰芬、李亚龙等曾对此进行了系统分析,将梯级开发对生态与环境的若干不利影响分为施工期、水库初次蓄水和运行期 3 个阶段的影响,如图 2-2 所示。

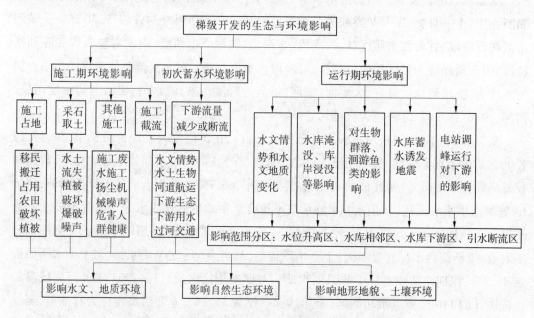

图 2-2 梯级开发对流域生态与环境的影响示意图

2.2.1.1 施工期的影响

流域梯级开发对生态与环境的不利影响,在施工期主要表现为施工占地与工程占地影响、施工采石与取土影响及其他施工项目影响等,具体分析如下。

1)施工占地与工程占地影响

梯级开发的施工占地一般属临时占地,对环境的影响主要是植被破坏、水土流失等,影响相对短期并可以恢复。工程占地主要是水库淹没占地,其对环境的影响较大,在水库淹没区主要体现在两个方面:一是因原有植被淹没而造成的对生态与环境的破坏影响;二是移民搬迁安置、基本建设和新开耕地而造成的植被破坏、水土流失、局部自然条件改变、原有区域生态平衡破坏等。

2)施工采石与取土的影响

采石、取土施工对环境的主要影响是造成水土流失。采石施工会破坏原有山体的表层植被,使表层较薄的土层流失;采石使山体原有形态发生变化,有些坡面变陡,并且爆破使岩石松动,容易造成流失,严重时可能发生塌方或泥石流,造成灾害性破坏;采石使山体裸露,影响自然景观。取土施工除破坏植被外,还会使开挖面土层松动,从而造成水土流失;取土使表层具有一定肥力的土壤损失,特别是占用耕地取土,对施工后的覆垦很不利;取土场裸露面,还容易造成扬尘;取土会损失部分土地资源。

3)其他施工项目影响

梯级开发一般施工规模大,施工人数和施工机械较多,又比较集中,对周围自然环境和社会环境可能产生以下影响:

(1)对水环境的污染。工程施工均在水系河道附近,场地平整、截流、围堰填筑、隧洞排水、砂石骨料加工冲洗、混凝土拌和浇筑及养护、化学灌浆、材料水上运输、施工机械冲洗、附属企业生产废水排放、施工营地生活污水排放、职工医院排放废水、垃圾、废料及化学药品等,都会对水环境造成污染。

(2)施工弃渣对环境的影响。水利施工一般弃渣量较大,开挖山体、隧洞产生大量的废渣,堆放在固定渣场的废渣中可能混有残留炸药、废油、废化学药品甚至放射性物质等,如果废渣处置不当,残留在其中的有害物质会对环境产生影响;渣场管理不好,会造成水土流失,严重的还会形成泥石流,对环境造成较大破坏;有些堆渣占地会造成土地资源的损失;渣场裸露影响自然景观。

(3)施工对大气环境的影响。水利工程施工爆破、骨料加工筛分、水泥仓库装卸、混凝土拌和、施工材料运输、施工机械运行等,造成施工场地扬尘、施工道路扬尘,影响大气环境质量;附属企业生产和施工营地生活燃煤烟气排放,其废气和悬浮颗粒物等对大气环境质量造成影响。

(4)施工噪声对环境的影响。施工噪声主要包括开挖爆破噪声、施工机械运转噪声、骨料筛分作业噪声、砂石混凝土拌和系统生产噪声、机动车辆行驶噪声等。这些噪声,会在整个施工期中影响当地的声环境,施工结束后影响会自行消失。

(5)施工对人群健康的影响。梯级开发会造成一定数量的移民搬迁与安置,这部分居民的生活环境将有较大程度的变化,可能会引起人群健康问题。一方面,移民安置往往使原来相对分散的居民集中居住;另一方面,大量施工人员高度集中于施工区,这均可能增加流行性疾病的传染机会。此外,开挖爆破、毒化药品、高噪声机械、高粉尘作业等均可能影响到施工人群的健康与安全。

(6)其他影响。施工还可能对附近地区的自然景观造成影响,破坏景观的连续性和协调性,有的工程施工会影响到文物古迹等。

2.2.1.2 初次蓄水对生态与环境的影响

水库初次蓄水对环境的影响主要表现为对下游河道和下游用水的影响。当水库库容较大时,初次蓄水的时间往往较长,可能对下游河道的生态基流产生较大影响;库水位逐步抬升的整个初次蓄水过程,可能会使河道下游的水流量大幅减少,从而影响水库下游的水运交通、群众生活、工业生产、灌溉用水等。

2.2.1.3 梯级水库运行期对环境的影响

1)对库水位升高区域的影响

梯级水库蓄水运行后,必然导致各级大坝的上游河段和相连湖泊等水域的水位升高,从而对生态与环境造成多方面的影响,分析如下:

(1)对库区水环境的影响。水库蓄水后,由于冲刷、侵蚀、堆积等作用,在新的水边线地带开始了库岸形成的过程。库岸形成可分为多种类型,如:以崩塌、坍落、侵蚀、滑坡、流沙和剥蚀等形式表现的冲蚀型库岸;以地球化学作用和冲蚀作用为主形成的冲蚀——喀斯特型库岸;以生态作用和冲蚀作用结合形成的冲蚀——泥炭型库岸;在地质、地球化学、生物过程和堆积作用下,形成的泥沙三角洲库岸、淤泥盐岩型、漂浮泥炭型、贝壳泥炭型、贝壳石灰岩型、芦苇植物型库岸等。此外,水库的发育变化过程往往还伴随着淹没、浸没、地下水位上升及上升区岩层的物理力学性质变化等,水库沿岸地带的工程地质条件也随之变化。因此,梯级水库与自然生态与环境的协调和平衡过程往往十分漫长而且复杂,往往会造成水土流失、生态与环境变异、水质变化等不利影响。

(2)对地质环境的影响。水库尤其是大型水库在蓄水运行后,可能诱发地震。世界上多个国家,如印度、希腊、美国、巴西、澳大利亚、中国、法国等,均发生过水库诱发地震的地质灾害事例,如1967年12月10日在印度发生了科伊纳水库诱发的7.0级地震。

(3)对库区地下水位的影响。水库蓄水后,将导致水库沿岸水文地质条件实质性的改变,首先是地下水状态发生变化,水库渗漏在最初几年较为剧烈,对含水层影响较大,通常在近坝区附近出现地下水升高的最大值,而在水库上游,地下水位升高则相对较小,影响范围也小。随着地下水位升高,往往又会引起水库周围的土地浸没和沼泽化,在森林和草原地区库岸沼泽化相对严重,在干旱气候条件下土壤常会发生盐渍化。此外,随着地下水位升高和水库影响区域浸没带的形成,区域自然综合体将发生改变,生态与环境也发生变化,生物物种、种群结构、生物量等都会随之改变。

(4)对水生生物的影响。水库蓄水后,部分陆地变成水域,浅水变成了深水,流动水变成了相对静止的水,再加上电站运行及汛期泄水等,都会对水生生物造成影响。①对水生动物的影响:水域由河道型变为湖泊型,使得水生动物的区系组成发生了变化。对鱼类的影响较大,主要有迫迁,即水库蓄水和泄水淹没可能冲毁鱼类原有的产卵场地,改变产卵的水文条件;对洄游鱼类的阻隔,大坝切断了天然河道或江河与湖泊之间的通道,使鱼类觅食洄游和生殖洄游受阻;对鱼的伤害,鱼类经过溢洪道、水轮机等,因高压高速水流的冲击而受伤和死亡。②对水生植物的影响:主要是对浮游植物和高等水生植物的影响。水库形成的头几年,对浮游植物区系组成、生物量、初级生产力等都产生影响,常因藻类的大量繁殖而加重水库的富营养化,影响水库水质。对高等水生植物的直接影响主要是淹没,间接改变了水域的形态特性、土壤、水的营养性能、水位状况和原始种源,从而影响了高等水生植物的生存和生长。③对底栖生物的影响:主要是建库后水文条件、水温、水质和底质条件等变化对底栖生物组成及生物量的影响。

2) 对水库相邻地区的影响

对水库相邻地区的影响,主要是对库周地区生态与环境的影响。水库淹没使林地减少;人为生产活动的增加,使林地等植被遭到破坏,人工生态恢复又需要一定的时间,使植物资源量减少。由此可能破坏部分野生动、植物的生境,使野生动物和植物种类减少,数量下降,森林植物群落减少,使生物多样性受到影响。

3) 对下游及引水断流区的影响

(1)电站调峰运行对下游的影响。梯级电站中部分电站有调峰运行要求,调峰电站向下游河道的泄水量随电站运行而变化,对下游地区的航运和用水均有影响。但这种影响可以通过一些措施来解决,如:控制下泄的保证水量;监控上游来水量,合理运行调度;根据电网总的用电峰、谷规律,适时预报,将信息及时传达到下游等。

(2)引水式电站对断流河段的影响。引水式电站会造成挡水建筑物至发电厂房段之间的河道间断性断流或永久性断流;跨流域引水发电可造成较长河段的断流或流量减少。而河道断流将对森林、动植物栖息环境、断流区段的小气候等生态与环境产生较严重的影响,这种影响往往是破坏性的和不可逆转的。为此,须采取必要的措施,来保护断流段的生态与环境,如从挡水建筑物下泄一定的水量,保证该段的生态与环境用水,这部分水量称为生态需水量,或最小生态用水量。

综上分析,河流流域是一个完整的生态与环境系统,水利枢纽工程建设,尤其是流域梯级开发建设,其工程规模宏大,对自然生态与环境的影响也大,其对环境的影响往往不同于单一工程对环境的影响,在空间尺度、时间尺度、影响内容、评价方法和指标体系上都有差别。如果未能妥善处理好梯级开发建设和生态与环境之间的关系,就很可能对流域生态与环境、区域环境造成一定程度的破坏。因此,在水电梯级开发中,应立足于生态与环境的可持续发展,系统研究工程建设和流域生态与环境之间的合理关系,正确处理好水电工程建设项目与环境保护之间的矛盾,确保水电开发建设与流域生态与环境保护协调发展,并针对梯级开发可能造成的环境与生态影响问题,采取强有力的环保对策和措施,使工程开发建设与后期运行对生态与环境的影响程度降到最低,使无法避免的局部生态与环境影响及破坏能尽快得以恢复。

2.2.2　黄河上游梯级开发的风险辨识

流域梯级开发的风险辨识,就是根据因果分析的原则,对流域梯级开发建设与工程后期运行与管理中能给人类社会和流域生态与环境带来的风险因素进行系统辨析和识别。流域梯级开发是一项系统工程,涉及自然、社会、经济和生态与环境等多方面内容,对其进行风险识别必须考虑流域自然环境、社会发展与工程建设运行的实际状况,在此基础上分析研究各影响因素的随机变化情况,从而识别梯级开发的系统风险。

根据黄河上游梯级开发的总体规划与开发建设现状,结合梯级开发工程在施工期、蓄水初期和运行期间对社会经济发展和自然生态与环境的影响分析,并考虑风险事件的作用后果,可以将流域梯级开发的主要风险分为三大类:

第一类是工程自身安全所引起的风险,如溃坝风险、隧洞塌方破坏风险、库岸高边坡稳定风险、滑坡风险、工程运行风险等。

第二类是梯级开发引起的生态与环境方面的风险,如生态系统的完整性风险、陆生动植物资源及水生生物风险、生物多样性降低的风险、消落带环境风险、水土流失风险、河道断流与缺水风险、水质恶化风险、泥沙淤积风险、洪灾风险、水库水温变异风险及生态与环境需水量不足的风险等。

第三类是运行管理方面的风险。

如何针对各类风险,尤其是流域梯级开发可能导致的生态与环境风险问题进行系统分析和研究,从而采取合理措施有效防范和减缓风险,是相关研究人员面临的重要研究课题。首先,必须在流域规划开发前对河流流域完整的自然生态和环境状况进行全面调研与科学分析,在此基础上对流域梯级开发的生态与环境影响进行风险分析和预测研究,从而为政府和有关管理者提供科学的决策依据;其次,必须在梯级开发建设中对可能遭受破坏的生态、环境因子进行全面统计,并针对具体风险问题(包括水质、泥沙淤积、生态需水量、水温、溃坝等风险问题)进行风险分析,为防止生态、环境的恶化提供可行的风险防范措施;最后,在水库群蓄水运行后,应对库区水位、水温、消落带、水质等进行实时监测,并及时开展全方位的风险分析,为整个流域的梯级电站群安全运行、减少社会和经济损失、保证生态和环境的良性循环提供及时准确的情报信息,切实推进社会、经济同生态与环境的和谐及健康发展。

由于流域梯级开发可能导致的风险种类繁多,其相关研究内容十分复杂,因而本书主要针对流域梯级开发可能导致的生态与环境风险,具体从水质污染、生态与环境需水量分析、泥沙淤积、库水水温变异等方面进行风险分析研究。

2.2.2.1 水质风险

黄河是多泥沙河流,径流量随季节性变化大,这是黄河水污染的自然因素。由于河水中悬浮的泥沙使河水浑浊,降低了河水的透明度及复氧能力,对重金属等有毒物质存在显著的吸附作用。特别是枯水期黄河水流量小、流速慢,水体稀释与自净能力较差,使纳污能力降低,加大了水体的污染。

人类活动影响是黄河水体污染的主要原因。黄河沿岸工业和城市发展迅速,产生的污水量大增,其中大量未经处理的工业废污水和生活污水未经处理,就直接排入河道;同时农业施用大量化肥、农药造成面污染;再者,由于水库高坝的存在使得流域水体水流速度减缓,大量污水水体自净能力降低。

黄河流域上游河段的梯级开发,将使得黄河流域的水质风险进一步加大。首先,梯级开发中各个水利枢纽工程的施工建设,将会产生大量的固体废物和生活垃圾,如果未能及时有效地处理或处理未达标,这些残留固体废物及生活垃圾就可能成为流域水体污染的重要来源之一。其次,水库蓄水后,原库区内的杂草、有机物、腐殖质等腐化分解,水温结构的变化利于浮游动植物及底栖生物的繁殖和发展,消耗了水中的溶解氧,降低了水体的自净能力。最后,梯级水库拦蓄了河道径流,降低了河道流量和水流流速,水库必须集中排沙,这势必造成水库下游河水的含沙量骤增,泥沙本身就是一种污染物,致使水质在一定时期内变差。因此,黄河上游梯级开发存在着一定程度的水质风险。

2.2.2.2 生态与环境需水量风险

梯级开发会带来黄河上游适宜生态与环境需水量的改变,这也是必须引起高度重视并合理解决的问题。黄河上游适宜生态与环境需水量是指维系黄河上游生态系统良性循环的较佳水量,此时系统状态较理想,能够发挥较好的生态与环境功能,在此状态下,黄河上游生态系统可以实现生态与环境等多方面的恢复目标。为此,对黄河上游梯级开发下的适宜生态与环境需水量进行预测研究,就成为了一项重要的研究课题。

过度追求局部利益,必将带来流域生态与环境需水量分配不足的风险。黄河是一条多沙河流,下游河道逐年淤积抬高,造成洪水威胁,因而必须保持一定的河川径流量输沙入海,才不致加重下游河道的淤高。据分析,要维持现状河道淤积水平,应保持年入海水量 $200 \times 10^8 \sim 240 \times 10^8 \text{ m}^3$。据此,黄河可供河道外消耗的径流量多年平均为 $340 \times 10^8 \sim 380 \times 10^8 \text{ m}^3$。

2.2.2.3 泥沙淤积风险

流域梯级开发一般工程浩大,黄河上游梯级开发将带来泥沙淤积的较大风险。由于梯级开发会带来生态与环境等多方面的改变,如植被改变带来的水土流失等,因此泥沙淤积风险又成为黄河上游梯级开发不得不考虑的关键问题之一。在黄河中游建设的三门峡水库就带来了严重的泥沙淤积问题,使渭河河床抬高,造成渭河流域惨重的洪灾损失和生态与环境影响。

由于长期泥沙淤积,目前黄河下游堤防临背悬差一般 5～6 m。在河南,滩面比新乡市地面高出约 20 m,比开封市地面高出约 13 m;在山东,滩面比济南市地面高出约 5 m。泥沙淤积造成的悬河形势十分险峻,洪水威胁成为黄河流域的心腹之患。

从生态学角度讲,泥沙对于河势、河床、河口和整个河道的影响是修建水库大坝产生的最根本的影响,也是最令人担忧的问题。庞增铨等认为河流梯级开发致使河流渠道化,从根本上改变了河流的水动力条件,流量减少,流速减缓,泥沙沉积增加。Williams 等认为大坝的存在改变了其下游的径流模式,增加了坝下河床细粒度物质的侵蚀程度,但对洪峰的影响减小。Kondolf 等认为大坝的存在打断了河流泥沙传输的连续性,使得过库水流处于泥沙不饱和状态,加剧了对下游河道的侵蚀。赵业安等通过对黄河上游大型工程对下游冲积河流的影响研究认为,上游水库调节径流拦截泥沙,对水库下游河道具有巨大的扰动作用,主要表现在水库拦沙期造成清水冲刷,水库滞洪排沙运行期造成下游河道淤积增加。

2.2.2.4　库水水温变化风险

水温是水生生态系统是否健康的最为重要的影响因素之一,它对水生生物的生存、新陈代谢、繁殖行为及种群的结构和分布都有不同程度的影响,并最终影响水生生态系统的物质循环和能量流动过程、系统的结构及功能等。

在大江大河上修建水库,尤其是梯级水库,将改变河流的水文和水力学条件,其中之一就是改变了河流的热力学状况,使水库及其下游河道的水温发生较大变化,这种变化对大坝施工、农田灌溉、生活及工业用水、水库水质及水生动植物的生长都会带来一定的影响。

流域梯级开发既具有单个工程对生态与环境的影响效应特征,又具有多个相关工程影响效应的群体性、系统性、累积性、波及性和潜在性。由于梯级开发的各个水库基本首尾衔接,因此这一影响将逐级传递,每一水库的水温不仅会受到自身由于水位抬升和水量增加带来的影响,同时受上游水库的来水影响和作用,使其下泄水流的水温降低更加明显。随着干流上梯级水库数目的增加,水温的空间累积效应将更加明显,上游库区的下泄水将可能对其下游几个库区的水温产生空间累积效应。

2.3　流域梯级开发的生态与环境风险累积效应分析

2.3.1　生态与环境的累积效应特征

生态与环境累积效应是指当一项活动在与过去、现在及可合理预见的将来活动结合在一起时,其所产生的对生态与环境累积增加的影响。累积效应本身并不是一种新型的生态与环境影响,而是人们从另一个全新角度来看待生态与环境问题的方式。当区域生态与环境处于可持续发展的临界水平时,一项自身生态与环境影响较小的开发活动,与其他开发活动的生态与环境影响累积后,可能产生重大的生态与环境累积效应。

生态与环境累积效应具有空间和时间两方面的特征表现。

(1)空间累积特征:当两个干扰之间的空间间距小于疏散每个干扰所需的距离时,干扰就会产生空间上的累积现象。

(2)时间累积特征:当两个干扰之间的时间间隔小于环境系统从每个干扰中恢复过来所需的时间时,干扰就会产生时间上的累积现象。

2.3.2 梯级开发的生态与环境风险累积效应

流域梯级开发往往在一条河流上从上游到下游规划建设多座梯级电站,形成串珠式的梯级水库大坝,如果规划设计和运行管理不当,将对整个流域或局部河段区域的生态与环境产生累积影响效应。梯级开发既有单个水电工程对生态与环境影响的效应特征,又具有多个水电工程影响效应的群体性、系统性、累积性、波及性和潜在性。

梯级开发模式下的生态与环境累积效应,其表现形式复杂多样,如:在两个梯级或多个梯级间,对某一生态与环境因子可能表现为协同作用,也可能表现为拮抗作用;同时,对某一生态与环境因子的某一要素可能表现为协同作用,而另一要素可能表现为拮抗作用。

黄河上游高密集的水电工程梯级开发,可能会给黄河流域或局部河段的区域生态与环境带来不利的负面影响,对流域生态与环境影响产生显著的累积效应。黄河流域是一个完整的生态系统,其生态与环境的平衡和稳定是在漫长的历史演变中缓慢形成的;而流域梯级水电工程的开发将改变原有河流的生态系统,串珠式的水库大坝将阻断原有河道的连续水流特性,从而使黄河中下游的河流形态、水文情势发生变化,进而可能导致原本依存于黄河流域的物种构成、生态与环境发生重大变化。

2.3.2.1 水质污染的累积效应

黄河流域的现状水质总体上呈恶化趋势,清洁水体逐年减少。干流上中游水质较好并基本保持稳定,但下游水质恶化趋势明显。随着黄河流域梯级开发的进一步发展,如果不能秉持科学发展的态度和坚持可持续发展的立场,对流域梯级开发加以科学合理的规划与管理,就很有可能导致河流水质的进一步恶化,其水质污染的累积效应主要表现为:

(1)流域梯级开发使河流湖库化,特别是建在流域下游的水库,湖库富营养化是水库的主要生态与环境问题。梯级开发后,形成梯级水库,水流减缓,水中溶解氧急剧降低,导致水体自净能力减弱,水环境容量发生改变,对污染的混合能力和稀释能力减弱;同时,库区周边和上游大量未经处理的生活废水、畜禽养殖业废水、施工废水和雨季地表径流等源源不断地直接进入河道,必然导致河流水质呈下降趋势,库区水体污染加重。

(2)由于下泄水量减少,导致河流挟沙能力降低,挟沙颗粒细化,降低了对金属粒子的吸附能力,造成沉淀,使毒害物质沉积于水库,影响水质。这些毒害物质长期积累,是潜在的二次污染源。

（3）金属矿采选、冶炼造成河道重金属污染。黄河上游一些支流，开采铅锌矿污染水域，造成重金属铅、镉等指标超标，重金属（汞、镉、铅、铬、锌和铜）的累积影响加重较为明显，浓度增加趋势不能忽视。

（4）工程施工期间排放的生产废水、生活污水等，如不加以处理和控制，任意向河道排放，将对施工河段水质造成局部污染，并影响下游水库的水质，且累积效应明显。

（5）水库的温度调节和营养物沉淀作用对下游水质也有较大的长期间接影响。

2.3.2.2 泥沙淤积的累积效应

由于水库的拦沙作用，影响河流的冲淤与输沙，打乱了原有河道的输沙平衡，上游来沙大部分被拦截于各个梯级水库内，使得下泄水流中的含沙量大大减少。据有关研究表明，流域梯级开发对河道泥沙的拦截可以高达99%，泥沙淤积的累积效应特别显著。

2.3.2.3 水温变异的累积效应

水库建成蓄水后，水位大幅度抬升，一些深水大库在夏季将出现水温稳定分层现象，表现为上高下低，下层库水的温度明显低于天然河道状态下的水温，从而导致下泄水流的水温降低，并影响下游梯级的入库水温。有研究表明，流域梯级开发在改变河道径流的年内分配和年际分配的同时，也将相应地改变水体的年内热量分配，引起水温在流域沿程和纵向深度上的梯度变化；水温变异的沿程变化在水库下游100 km以内都难以消除，如果两级大坝之间小于这个距离，就会产生水温变异的累积效应。

黄河上游梯级开发的水库群基本首尾衔接，其水温变异影响将逐级传递，每一级水库的水温不仅会受到自身蓄水带来的变异影响，还受上游梯级水温变异影响的共同作用，使下泄水流的水温降低更加明显。如刘家峡水库，其水温不仅受本身建库的影响，且还受寺沟峡下泄水流的水温变异影响。此外，随着干流上梯级电站数目的增加，水温变异的空间累积效应将更加明显，上游库区的下泄水流将可能对其下游几个库区的水温产生空间累积效应。

2.4 小 结

流域梯级开发往往工程规模宏大，其对生态与自然环境的影响也大，如果不能处理好二者之间的关系，就很有可能使得流域生态与环境系统面临诸多的风险。而对相关风险问题进行分析和研究，首先要做的工作就是结合流域梯级开发实际，对其在生态与环境方面的潜在风险进行有效辨识，从而为风险分析研究奠定基础。

鉴于本书是以黄河上游梯级开发的生态与环境风险为研究背景，因此本章首先对黄河流域水资源的基本特点、开发利用与管理概况、存在问题等进行总结，并对黄河上游梯级开发的现状与发展进行综合分析；在此基础上，探讨了黄河流域梯级开发可能带来的生态与环境影响,进而对黄河流域梯级开发的生态与环境风险进行了系统的辨识,并对相关风险影响的累积效应进行了综合分析,从而为流域梯级开发的生态与环境风险分析研究奠定了基础。

3 流域梯级开发的水质风险
复合不确定性分析

水质污染问题是我国目前水资源开发利用中面临的严峻问题之一。水质污染加剧了可利用水资源短缺的矛盾,严重制约了国民经济与社会的可持续发展。因此,对水资源开发利用中可能导致的水质污染问题进行风险分析并加以科学合理地防范,有利于促进水资源的可持续利用和加强水资源开发的科学决策与管理。

梯级开发中的江河流域系统是十分复杂的水资源不确定性系统,广泛受到气象、水文、地质、工农业生产、社会需求、工程规划、设计、施工、运行、管理等诸多因素的影响。这些不同的影响因素,根据其作用特点,大致可以归类属于随机性、模糊性、灰色性、未确知性等单一不确定性范畴和由两种以上的单一不确定性共同构成的复合不确定性(又称为盲性)范畴。正是由于诸多不确定性影响因素的广泛存在,水资源系统在实施梯级开发获得巨大经济效益的同时,也可能面临生态与环境方面随之而来的各种风险,而其中水质污染风险就首当其冲。因此,如何结合流域梯级开发的规划、建设与运行管理实际,采用适宜的理论方法对其可能带来的水质风险进行科学分析(包括定性分析和定量分析),是目前国内外水利工程界与生态与环境领域面临的一项重要研究课题,它对于流域梯级开发水质风险的有效防范与科学管理具有重要意义。

本章主要针对流域梯级开发的水质风险量化及其不确定性问题进行研究,在探讨梯级开发水质风险与不确定性分析的内容和实施步骤基础上,对随机、灰色两种不确定性交互作用而形成的水质风险复合不确定性分析方法进行研究,提出并建立流域梯级开发的水质超标灰色–随机风险概率计算方法。

3.1 流域梯级开发的水质风险与不确定性

3.1.1 水质风险的定义

风险在不同的文献中有不同的定义。将反映某系统在一定外来冲击或负荷条件下的行为变量称为负荷 l;将描述某系统克服外部负荷能力的特征变量,称为系统阻抗变量 r;当负荷 l 超过阻抗 r 时,系统便会失事或者产生事故。在概率框架内,定义风险为负荷超过阻抗的概率 P_F,也即失事的概率或者可能性。将系统负荷 l 及阻抗 r 分别视做随机变量 L 和 R,则有如下的概率分布函数及密度函数。

负荷： $\qquad$ $F_L(l)$，$f_L(l)$

阻抗： $\qquad$ $F_R(r)$，$f_R(r)$

则系统的风险可由下式给出：

$$风险 = 失事概率 P_F = P(R < L) \tag{3-1}$$

水质风险是指水环境中由于介质传播、自然原因或人类活动引起的非期望事件（如污染或灾害）发生的概率，以及在不同概率下事件后果的严重性。对于江河流域水环境系统而言，水质风险通常主要是指河道水流或水库水质超标的风险，因此可以将其定义为水环境系统的污染负荷（或污染物浓度值）超过其承载容量（或水质标准值）的可能性。

在有水质控制标准的水域，选取其中某一污染物的最大浓度 C_m 作为负荷 l 来表示对水环境的不利影响，根据水域的不同功能区划，可将环境水质标准限定水体中最大允许污染物浓度 C_0 作为阻抗 r。当实测 $C_m = C_0$ 时，就达到了该水质污染风险的临界条件，因此有：

$$水质风险 = P(C_m > C_0) \tag{3-2}$$

$$水质可靠 = P(C_m \leqslant C_0) \tag{3-3}$$

3.1.2 水质风险的不确定性

流域梯级开发中的水体污染是一个复杂的过程。一方面，污染物或废水进入天然河流后，其在水体中的沉淀、扩散、稀释或分解是受水体的物理作用、化学作用、生物作用及其综合影响的结果，因而水质的变化既有基本的确定性规律，又有很多不确定性的变化；另一方面，对于流域梯级开发形成的串珠式水库群，其上游库水的水质状况会对下游水库的水质产生直接影响，如果上游库水污染严重，其宣泄至下游水库的水流必然会给下游水库带来水体污染的风险。

水质风险的不确定性，首先表现在负载污染物水体变化的不确定性。水环境中的许多因素，如水温、水流流向、局部流速、紊动强弱、水中及底栖微生物的种类数量、藻类的光合作用与呼吸等，其偶然变化都将对水体中污染物的扩散、迁移、降解过程产生较大的制约作用，受这些不确定性变化因素影响的水质变化过程，是一个波动起伏的不确定性变化过程。因此，水环境中各种影响因素的不确定性是水质风险产生的根本原因，也是水质风险研究的难点问题之一。

对梯级开发中水质风险问题的不确定性，按其产生的原因可以归纳为两大类。

3.1.2.1 偶然的或随机的客观不确定性

一般认为，客观不确定性是源于系统本身固有的随机不确定性，并且不能采用改进方法或选择更适宜的模型来降低其大小。客观不确定性（随机性）是由河流水环境系统中内在的随机特性引起的，主要与两大方面因素的时空变化有关，一是河水流量、流速、河道形态、含沙量、冲淤变化条件、水温、水化学、水生物等自然环境因素，二是农业非点源污染和工业废水、城镇生活污水的排放波动等社会经济发展因素。

在风险分析时,对于系统本身固有的随机客观不确定性,可应用随机理论或模糊数学方法来定量分析,一般采用统计学概率,也即风险概率来表征。

3.1.2.2 认识上的主观不确定性

主观不确定性是由于人们获取信息的不完全、不充分或不精确,从而对系统的认知不准确所产生的,它主要与数学模型的建立、求解及模型中参数的不确定性等有关。

在风险分析时,对系统风险的主观不确定性,常常采用概率统计、模糊集理论、灰色系统理论、未确知理论等方法来量化表征。

3.1.3 水质风险的不确定性分析步骤

与一般的风险分析步骤类似,对梯级开发模式下的水质风险进行不确定性分析,其分析步骤大致如下。

(1)风险识别。在整体分析流域水体受污染的各种不确定性影响因素基础上,识别不同种类的风险因子,并由此确定相应的情景模式。

(2)判定失事或事故发生的条件,即 C_m 是小于还是大于 C_0。

(3)在不同的情景下,对风险进行量化。

(4)将风险与水质标准进行比较分析,评估对象系统的可靠性。

3.2 基于灰色–随机复合不确定性的水质风险分析方法

对梯级开发流域的水质风险进行分析,风险的量化问题始终是研究的重点。一方面,在流域梯级开发模式下,各种水质风险因素的产生、发展变化及人们对其认知确实存在着诸多的不确定性,如随机不确定性、模糊不确定性、灰色不确定性及主体认识上的未确知性等;而另一方面,风险分析是一门多学科知识相互交叉的科学,它只有和随机理论、数理统计、模糊数学、灰色系统理论、信息论、神经网络等学科的知识相结合,才能实现风险分析的量化研究,从而达到为水质风险评价与管理提供决策依据的目的。

在已有的水质风险分析研究中,国内外研究人员主要是针对水质风险中的某种单一不确定性,如随机性、模糊性、灰色性、未确知性中的某种特定不确定性,分别采用概率统计、模糊集理论、灰色理论或未确知数学来量化水质风险。但实际上,影响流域梯级开发水质污染的诸多不确定性因素往往共同存在、相互影响和渗透,有时很难准确辨识到底是哪一种不确定性的作用更为显著,如果仅单一考虑其中的某种不确定性作用,显然不尽合理。

但如何针对两种及两种以上的不确定性交互作用而形成的复合不确定性问题进行流域梯级开发的水质风险研究,是一个十分复杂、同时具有重要现实意义的课题,在风险识别方面它涉及对各种复合不确定性的清晰辨识和深刻分析,而在风险量化估算方面则涉及对多种数学理论方法的综合应用。

基于以上分析和考虑,本书将流域梯级开发中影响水质风险的诸多不确定性作用看做随机作用,把各种不确定性之间复杂的不明确关系看做灰色,由此可以将诸多不确定性的共同作用简化处理为仅由灰色和随机不确定性构成,从而展开对灰色－随机不确定性交互作用下的复合不确定性问题的研究;将灰色理论和随机概率分析方法进行有机结合,在强调对流域梯级开发水质风险的灰色－随机不确定性进行描述与量化的同时,通过对功能函数的确定,将水质污染的灰色－随机风险概率转换成一般随机风险概率,然后应用改进的一次二阶矩法,实现对流域梯级开发水质风险的不确定性分析与计算。

3.2.1 梯级开发的水质风险因素

水质风险识别是指根据因果分析的原则,采用一定的方法(筛选、监控、诊断等),从纷繁复杂的水环境系统中找出水质风险的所在和引发风险的各种不确定性因素。水环境系统十分复杂,其水质风险面临的不确定性因素来自自然、经济和社会多个环节,有的风险因素明显,有的却非常隐蔽,其风险因素的辨识难度也较大。

导致流域梯级开发水质风险的不确定性因素很多,归纳起来主要有以下几个方面。

3.2.1.1 自然环境因素

河流流量、流速、流向、含沙量、河道形态、水流紊动强弱、冲淤变化条件、水温、水化学、水生物与底栖微生物种类数量、藻类的光合与呼吸等自然环境方面的不确定性因素均可能引起流域梯级开发的水质风险。因为污染物在水中的扩散、迁移、降解过程是物理运动、化学反应及生物活动等多方面综合作用的过程,流域自然与水环境中的这些不确定性因素,其偶然变化将对上述水质污染变化过程产生较大的作用。而这些不确定性因素,可以通过对历史数据资料的统计分析得出其概率分布。

3.2.1.2 工业污染因素

工业污染是对流域水体产生污染的最主要污染源。在我国,工业废水排放量在总废水排放量中所占比重较大。工业废水一般包括无机物废水、有机物废水、有毒化学性物质废水、含病原体的工业废水、含放射性物质的废水等。未经处理或处理不达标的工业废水排放,将引起水质变坏或形成富营养化,严重破坏水生态与环境,导致较大的水质污染风险。

3.2.1.3 生活污染因素

生活污染主要来自城市。由于城市人口密集,居民在日常生活中排放衣物洗涤、沐浴、烹调用水等各种生活污水,其数量、浓度与生活用水量有关,用水量愈多,污水量也愈大。生活污水中的腐败有机物排入水体后,使污水呈灰色,透明度低,有特殊臭味,含有有机物和洗涤剂的残留物、氯化物、磷、钾、硫酸盐等;其中,某些物质在水体中经微生物作用后可以降解,但需要消耗大量的水中溶解氧,从而引起水质变坏或产生富营养化。

3.2.1.4 农业污染因素

农业污染主要是指农药和化肥的不正确使用所造成的水质污染。与发达国家相比,农药造成的水质污染目前在国内还相对较为严重。例如,长期滥用有机氯农药和有机汞农药,不仅会污染地表水,还会使水生生物、鱼贝类等有较高的农药残留,加上生物富集,最终可能导致水体产生较严重的污染。

3.2.1.5 其他污染因素

造成梯级开发水库水质污染的其他因素还很多,如船舶航行中由于意外碰撞而导致的油污泄露、有毒有害物质的运输车辆因事故翻落入河等,均可能引起局部河段或水域水质的严重污染。

在流域梯级开发水质风险管理中,对风险因素的识别通常应多种方法组合进行。由于风险因素来自于自然、经济和社会等各个领域,存在较大程度的不确定性,因而往往不可能辨识所有风险因素,为此风险辨识应尽可能多地找出梯级开发存在的水质风险因素,然后根据这些风险因素对水质污染的影响程度,找出主要风险因子,忽略一些次要因子,以便于简化风险分析。

3.2.2 梯级开发的水质风险不确定性分析方法

在对流域梯级开发水质风险进行识别后,即可进行水质风险的量化估算。目前,国内外普遍使用的风险估算计算方法主要有统计方法、蒙特－卡洛法、主观概率法、模糊概率法、风险指数法和一次二阶矩法等。

本章将流域梯级开发中影响水质风险的诸多不确定性的共同作用简化处理为仅由灰色和随机不确定性构成,通过对功能函数的确定,将水质污染的灰色－随机风险概率转换成一般随机风险概率,然后应用改进一次二阶矩法,对水质风险进行计算。

一次二阶矩法是一种近似分析法,它略去了随机变量按泰勒级数展开的二次或更高次项。二阶矩分析只采用头两个统计矩,即随机变量的期望值和方差,可根据泰勒展开点而求得。按照展开方式的不同,一次二阶矩法又可分为两种,即:均值一次二阶矩法(Mean Value First-Order Second-Moment Method, MVFOSM)和改进的一次二阶矩法(Amended First-Order Second-Moment Method, AFOSM)。

3.2.2.1 均值一次二阶矩法(MVFOSM)

把系统功能变量 $Z = g(X_i)$ 按变量 X_i 的均值 $\overline{X_i}$ 展开成泰勒级数,并取一次项得:

$$Z = g(\overline{X_i}) + \sum_{i=1}^{m} (X_i - \overline{X_i}) \frac{\partial g}{\partial X_i} \tag{3-4}$$

其中,导数值是对 $X_i = (x_1, x_2, \cdots, x_m)$ 计算的。取式(3-4)中 Z 的第一和第二阶矩,并略去高于二次的项,得:

$$E(Z) \approx \overline{Z} = g(\overline{X_i}) \tag{3-5}$$

$$D(Z) = Var(Z) \approx \sum_{i=1}^{m} C_i^2 Var(X_i) \tag{3-6}$$

其中 C_i 是偏导数 $\partial g / \partial X_i$ 在 $\bar{x}_1, \bar{x}_2, \cdots, \bar{x}_m$ 处的值。假定各变量 X_i 是统计独立的,由此得到:

$$\sigma_Z = \left[\sum_{i=1}^{m} (C_i \sigma_i)^2 \right]^{1/2} \tag{3-7}$$

式中:σ_Z、σ_i 分别为 Z 和 X_i 的标准差。

则系统的可靠性指标为:

$$\beta = \frac{E(Z)}{\sigma_Z} = \frac{g(\bar{X_i})}{\left[\sum_{i=1}^{m} (C_i \sigma_i)^2 \right]^{1/2}} \tag{3-8}$$

最后,如果 Z 服从正态分布,则风险概率为:

$$P_F = 1 - \phi\left[\frac{E(Z)}{\sigma_Z} \right] = 1 - \phi(\beta) \tag{3-9}$$

式中:$\phi(\beta)$ 为累积标准正态分布,其值可由标准正态分布表查得。

MVFOSM 能考虑各种不确定性因素,便于根据附加资料重新计算,已被用来计算复杂系统的失事概率。不过,MVFOSM 也有其缺点与不足。首先,系统失事往往发生在极值情况,而不是在荷载与抗力的平均值附近,且失事系统常显示为非线性特征,而MVFOSM 将功能函数 $Z = g(X_i)$ 线性化,并求它在各变量 X_i 平均值处的值,因此用它估计的系统失事风险与实际风险可能有较大出入;其次,风险值与功能函数 Z 的形式有关,选用不同形式的 $g(X_i)$ 可得到不同的风险值。

3.2.2.2 改进的一次二阶矩法(AFOSM)

AFOSM 不直接推求功能函数的分布函数,而先由各因素的一、二阶矩推求功能函数的一、二阶矩,然后间接估算风险概率;其基本思路是将功能函数 $Z = g(x_1, x_2, \cdots, x_m)$ 在可能的失事验算点 $(x_1^*, x_2^*, \cdots, x_m^*)$ 处展开成泰勒级数,并略去二次以上的高次项,导出功能函数 Z 的均值和方差的近似结果,该近似结果只保留了随机参数的一次二阶矩。按照可靠性指标的定义求取可靠性指标 β,进而利用功能变量求得风险概率 P_F。计算中假定各变量 X_i 是不相关的。

用在点 x_i^* 处的一级泰勒级数展开式,求得功能函数 Z 的期望值和方差的近似值:

$$E(Z) \approx g(X_i^*) + \sum_{i=1}^{m} c_i(X_i - X_i^*) \tag{3-10}$$

$$\sigma_Z \approx \left[\sum_{i=1}^{m} (c_i \sigma_i)^2 \right]^{1/2} \tag{3-11}$$

σ_i 可表示为线性化形式:

$$\sigma_Z = \sum_{i=1}^{m} a_i c_i \sigma_i \tag{3-12}$$

式中:c_i 是在点 $x_i^* = (x_1^*, x_2^*, \cdots, x_m^*)$ 处的值,$c_i = \partial g / \partial x_i$;$a_i$ 是灵敏度系数,由式(3-13)进

行计算。

$$a_i = \frac{c_i \sigma_i}{\left[\sum\limits_{j=1}^{m} (c_j \sigma_j)^2 \right]^{1/2}} \quad (i = 1,2,\cdots,m) \tag{3-13}$$

将式(3-12)和式(3-13)代入式(3-9),则:

$$\beta = \left[g(x_i^*) + \sum\limits_{i=1}^{m} c_j(x_i - x_i^*) \right] \bigg/ \sum\limits_{i=1}^{m} a_i c_i \sigma_i \tag{3-14}$$

若 x_i^* 在失事面上,则:

$$g(x_i^*) = 0 \tag{3-15}$$

将式(3-15)代入式(3-14)并求解验算点 x_i^*,得:

$$x_i^* = x_i - a_i \beta \sigma_i \tag{3-16}$$

由式(3-13)~式(3-15)确定验算点 x_i^* 需采用迭代法或非线性约束最优化方法。式(3-16)可认为是一系列约束等式,于是,失事面可在约束条件式(3-16)和 a_i、β 的定义式(3-13)、式(3-14)下,通过极小化目标函数 $|g(x_i^*)|$ 求得。

根据 AFOSM 方法计算风险概率,只有对所有变量呈正态分布的线性失事面($Z = 0$)所计算的风险值才是精确的。然而,对于实际的系统对象,并非所有的基本变量都服从正态分布,为此可将非正态分布变量转换为等价正态分布变量,在验算点上,转换得到的等价正态分布变量,其累积分布函数 CDF 和概率密度函数 Pdf 的数值都与原始非正态分布变量的相应值相同:

$$F_{x_i}(x_i^*) = \phi[(x_i^* - \bar{x}_i^{(N)}) / \sigma_i^{(N)}] \tag{3-17}$$

$$f_{x_i}(x_i^*) = f^{(N)}[(x_i^* - \bar{x}_i^{(N)}) / \sigma_i^{(N)}] / \sigma_i^{(N)} \tag{3-18}$$

式中:$F_{x_i}(x_i^*)$、$f_{x_i}(x_i^*)$ 分别为 x_i^* 处 X_i 的累积分布函数 CDF 和概率密度函数 Pdf;$\phi[\cdot]$、$f^{(N)}[\cdot]$ 分别为标准正态分布的 CDF 和 Pdf。

为了得到等价的标准正态分布,可采用一次泰勒级数来对非正态分布函数进行转换。这样,等价正态分布的均值 $\bar{x}_i^{(N)}$ 和标准差变 $\sigma_i^{(N)}$ 为:

$$\bar{x}_i^{(N)} = x_i^* - \phi^{-1}[F_{x_i}(x_i^*)] \sigma_i^{(N)} \tag{3-19}$$

$$\sigma_i^{(N)} = f^{(N)} \{ \phi^{-1}[F_{x_i}(x_i^*)] \} / f_{x_i}(x_i^*) \tag{3-20}$$

于是非线性最优化问题的约束变为:

$$\bar{x}_i^{(N)} - x_i^* - a_i \beta \sigma_i^{(N)} = 0 \tag{3-21}$$

对所有 i,有:

$$a_i = \frac{c_i \sigma_i^{(N)}}{\left[\sum\limits_{j=1}^{m} (c_j \sigma_j^{(N)})^2 \right]^{1/2}} \quad (i = 1,2,\cdots,m) \tag{3-22}$$

3.2.3 基于灰色－随机复合概率的梯级开发水质风险分析

流域的梯级开发改变了流域水系的原生态,降低了流域水体的自净能力,同时增加了水体的污染途径,使污染物聚集。在对流域梯级开发中的水质进行风险分析时,首先要考虑的是流域梯级开发中水环境系统的不确定性。影响流域梯级开发水质状况的不确定性因素,不仅有河流流量、含沙量、河道形态、冲淤变化条件、水温、水化学及水生物等自然环境因素和工业废水、城镇生活污水排放的波动与农业面污染源的时空变化等社会经济发展因素,还有人类自身对流域梯级开发水环境系统认识的局限性。其中,流域梯级开发水环境系统本身固有的随机不确定性的产生是来自于系统的复杂性和表现形式的多样性,一般可用统计概率,即风险概率来描述或表征;而流域梯级开发水环境系统中的广义不确定性,则是由于信息缺乏、使得人们对系统信息的认识不足所引起的,因此可以将其视为以灰色性为表征的不确定性,与之相应的灰色不确定性风险概率则可以通过灰色系统理论方法来加以描述和量化。

本书针对流域梯级开发水环境系统中广泛存在的随机不确定性和风险概率量度时的灰色不确定性,在定义灰色概率、灰色概率分布、灰色期望及灰色方差等基本概念的基础上,建立梯级开发的水质超标灰色－随机风险概率的表达形式和计算方法,再通过功能函数的确定,将梯级开发水质风险的灰色－随机概率转换成一般随机风险概率,然后应用改进的一次二阶矩法(AFOSM)进行梯级开发的水质风险计算与分析。

3.2.3.1 有关灰色概率分布的基本概念

在建立梯级开发水库水质的灰色－随机风险概率表达之前,需首先明确灰色概率、灰色概率分布、灰色概率密度、灰色期望和灰色方差等基本概念。

设 P_G 是 (Ω, Ψ) 上的闭区间集值测度,且 $1 \in P_G(\Omega)$,则称映射 $P_G: \Psi \rightarrow P([0,1])$ 为灰色概率,称 (Ω, Ψ, P_G) 为灰色概率空间。

对于样本空间 Ω 上,取值于实数域的随机变量函数 ξ,称

$$F_G(x) = P_G(\xi \leq x) \quad (-\infty < x < +\infty) \tag{3-23}$$

是随机变量 ξ 的灰色概率分布函数。其中,P_G 是 ξ 在实数域上的灰色概率估计。

如果存在函数 $f_G(x)$,使得对于任意 x,有

$$F_G(x) = \int_{-\infty}^{x} f_G(y)\,\mathrm{d}y \tag{3-24}$$

则称 $f_G(x)$ 为 $F_G(x)$ 的灰色概率密度函数。

为了更直观地表现灰色概率分布的"灰色不确定性"特性,式(3-24)可以表示为灰区间形式,即

$$F_G(x) = [F_{G^*}(x), F_G^*(x)] = \left[\int_{-\infty}^{x} f_{G^*}(y)\,\mathrm{d}y, \int_{-\infty}^{x} f_G^*(y)\,\mathrm{d}y\right] \tag{3-25}$$

设灰色概率空间 (Ω, Ψ, P_G) 中,随机变量 ξ 的灰色概率分布函数为 $F_G(x)$,当

$$\int_{-\infty}^{+\infty} |x| \, \mathrm{d}F_G(x) < \infty \tag{3-26}$$

时,则 ξ 的数学期望(简称灰色期望)$E_G(\xi)$ 存在,且

$$E_G(\xi) = [E_{G*}(\xi), E_G^*(\xi)] = \left[\int_{-\infty}^{+\infty} x \mathrm{d}F_G^*(x), \int_{-\infty}^{+\infty} x \mathrm{d}F_{G*}(x)\right] \tag{3-27}$$

同时,ξ 的灰色方差 $D_G(\xi)$ 存在,且

$$D_G(\xi) = [D_{G*}(\xi), D_G^*(\xi)] = \int_{-\infty}^{+\infty} [\xi - E_G(\xi)]^2 \mathrm{d}F_G(x)$$

$$= \left\{\int_{-\infty}^{+\infty} [\xi - E_G^*(\xi)]^2 \mathrm{d}F_{G*}(x), \int_{-\infty}^{+\infty} [\xi - E_{G*}(\xi)]^2 \mathrm{d}F_G^*(x)\right\} \tag{3-28}$$

3.2.3.2 梯级开发的水质风险复合概率分析

通常,水质风险是指水环境中由于介质传播、自然原因或人类活动引起的非期望事件(如污染或灾害)发生的概率及在不同概率下非期望事件的后果严重性。考虑到水质风险分析的复杂性,这里仅对河流水质超标风险进行研究,当梯级开发河流水环境系统的污染负荷(或污染物浓度值)超过承载容量(或水质标准值),即认为发生了水质危害,水质风险发生可分三种情况来估算梯级开发模式下水质风险的灰色-随机风险概率。

(1)在仅考虑单个系统阻抗和单个系统负荷情况下,当系统阻抗(或承载能力)为遵从某一经典分布的随机变量(用 X 表示),而外来负荷为遵从某一灰色概率分布的随机变量(用 Y_G 表示)时,则梯级开发的水质风险概率为:

$$R_G = P_G(X < Y_G) \tag{3-29}$$

由于 P_G 为灰色概率,因此称 R_G 为灰色-随机风险概率。若能求得 X 的概率密度函数 $f_X(x)$ 和 Y_G 的灰色概率分布函数 $[F_{Y_{G*}}(y), F_{Y_G}^*(y)]$ 或灰色概率密度函数 $[f_{Y_{G*}}(y), f_{Y_G}^*(y)]$,则式(3-29)可以改写为:

$$R_G = \left\{\int_0^{\infty} [1 - F_{Y_{G*}}(x)] f_X(x) \mathrm{d}x, \int_0^{\infty} [1 - F_{Y_G}^*(x)] f_X(x) \mathrm{d}x\right\} \tag{3-30}$$

梯级开发模式下水质风险的灰色-随机风险概率 R_G 的质的量度,可用图3-1中曲线 $f_X(x)$ 分别与 $f_{Y_{G*}}(y)$、$f_{Y_G}^*(y)$ 的重叠部分表示。

(2)同样在仅考虑单个系统阻抗和单个系统负荷的情况下,若系统阻抗(或承载能力)和系统负荷为分别遵从某一灰色概率分布 $F_G(x)$ 与 $F_G(y)$ 的随机变量 X_G 和 Y_G,则梯级开发的水质风险概率可以表示为:

$$R_G = P_G(X_G < Y_G) \tag{3-31}$$

若能求得 X_G 和 Y_G 的灰色概率分布 $[F_{X_{G*}}(x), F_{X_G}^*(x)]$、$[F_{Y_{G*}}(y), F_{Y_G}^*(y)]$ 或灰色概率密度函数 $[f_{X_{G*}}(x), f_{X_G}^*(x)]$、$[f_{Y_{G*}}(y), f_{Y_G}^*(y)]$,如图3-2所示,曲线 $f_{X_{G*}}(x)$、$f_{X_G}^*(x)$ 分别与 $f_{Y_{G*}}(y)$、$f_{Y_G}^*(y)$ 的重叠部分可表示失效风险概率 R_G 的质的量度。

当考虑 R_G 为描述风险概率的最小值与最大值区间时,式(3-31)可具体表达为:

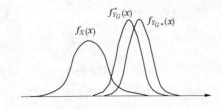 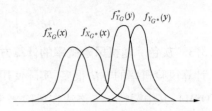

图3-1 系统负荷的灰色概率密度与系统
        阻抗的概率密度示意图

图3-2 系统负荷与系统阻抗的灰色
        概率密度函数示意图

$$R_G = \left[R_{G*}, R_G^* \right] = \left[P_{G*}, P_G^* \right]$$

$$= \left\{ \min \left[\int_0^\infty (1 - F_{Y_{G*}}(x)) f_{X_{G*}}(x) \mathrm{d}x, \int_0^\infty (1 - F_{Y_G}^*(x)) f_{X_{G*}}(x) \mathrm{d}x, \right. \right.$$

$$\int_0^\infty (1 - F_{Y_{G*}}(x)) f_{X_G}^*(x) \mathrm{d}x, \int_0^\infty (1 - F_{Y_G}^*(x)) f_{X_G}^*(x) \mathrm{d}x \right], \max \left[\int_0^\infty (1 - F_{Y_{G*}}(x)) f_{X_{G*}}(x) \mathrm{d}x, \right.$$

$$\left. \int_0^\infty (1 - F_{Y_G}^*(x)) f_{X_{G*}}(x) \mathrm{d}x, \int_0^\infty (1 - F_{Y_{G*}}(x)) f_{X_G}^*(x) \mathrm{d}x, \int_0^\infty (1 - F_{Y_G}^*(x)) f_{X_G}^*(x) \mathrm{d}x \right] \right\} \tag{3-32}$$

$$= \left[\int_0^\infty (1 - F_{Y_{G*}}(x)) f_{X_G}^*(x) \mathrm{d}x, \int_0^\infty (1 - F_{Y_G}^*(x)) f_{X_{G*}}(x) \mathrm{d}x \right]$$

（3）水质风险通常涉及许多因素或状态变量，可用向量 $X_G = (X_{G1}, X_{G2}, \cdots, X_{Gn})$ 来表示，因此系统功能函数是这些因素的函数 $g(X_G)$，则流域梯级开发模式下的水质风险概率即为 $g(X_G) < 0$ 的概率。

将流域梯级开发模式下的水质风险系统看做一个灰色系统，则该灰色系统中的每一状态变量 X_G 遵从可用灰色概率分布函数 $\left[F_{X_{G*}}(x), F_{X_G}^*(x) \right]$ 或灰色概率密度函数 $\left[f_{X_{G*}}(x), f_{X_G}^*(x) \right]$ 表征的某一灰色概率分布，由此可以将梯级开发水质风险系统的临界状态表示为 $g(X_G) = 0$，它是系统的"极限状态"，因此有：

$$\left. \begin{array}{l} \left[g(X_G) > 0 \right] = \text{"安全状态"} \\ \left[g(X_G) < 0 \right] = \text{"失效状态"} \end{array} \right\} \tag{3-33}$$

在几何学上，极限状态方程 $g(X_G) = 0$ 是一个 n 维的面，称为"失效面"。显然，由于 X_G 的灰色特性，存在 2^n 个失效面。若失效面到原点的最小距离用向量 $d = (d_1, d_2, \cdots, d_{2^n})$ 表示，则由于失效面的位置可用失效面到原点的最小距离来表示，而相对于原点的失效面的位置又决定了系统的风险性，因此所有最小距离的最小值 $\min(d)$ 与最大值 $\max(d)$ 可近似地用于风险的量度，即 $[\min(d), \max(d)]$。

这样，如果 $f_{X_{G1}, X_{G2}, \cdots, X_{Gn}}(X_{G1}, X_{G2}, \cdots, X_{Gn})$ 为变量 $X_{G1}, X_{G2}, \cdots, X_{Gn}$ 的联合概率密度函数，则失效状态的概率为：

$$R_G = \int_{g(X_G) < 0} \cdots \int f_{X_{G1}, X_{G2}, \cdots, X_{Gn}}(X_{G1}, X_{G2}, \cdots, X_{Gn}) \mathrm{d}X_{G1} \mathrm{d}X_{G2} \cdots \mathrm{d}X_{Gn} \tag{3-34}$$

式（3-34）可以简写成：

$$R_G = \int_{g(X_G)<0} \cdots f_{X_G}(X_G)\,\mathrm{d}X_G \tag{3-35}$$

3.2.3.3　灰色－随机风险概率的计算方法

计算风险概率的方法很多,实际使用较多的是蒙特－卡洛法和改进的一次二阶矩法(AFOSM),其中蒙特－卡洛法在风险概率计算上较复杂且耗时多,所以这里采用前面介绍的 AFOSM 法。

由于灰色－随机风险概率可以分解为 2^n 个随机风险概率的形式来表达,因此可以将灰色－随机风险概率转换成一般的随机风险概率,进而用 AFOSM 法进行计算。

原则上,失效风险概率 R_G 应从向量 $R=(R_1,R_2,\cdots,R_{2^n})$ 中取最小值、最大值得到,即

$$R_G = \begin{bmatrix} R_*, R^* \end{bmatrix} = \begin{bmatrix} \min(R), \max(R) \end{bmatrix} \tag{3-36}$$

实际运用中,由于通过有关信息及分析,容易得知各因素 X_{Gi} 变化对 R_G 大小的影响。因此,据此能够构造各因素的一、二阶矩取值的两组组合,并从其中一组(记为 X_{G*})中可求得梯级开发水质风险的最小风险概率值(记为 R_*),从另一组(X_G^*)中可求得最大风险概率值(记为 R^*),即

$$\begin{cases} R_* = P\{g(X_{G*}) < 0\} \\ R^* = P\{g(X_G^*) < 0\} \end{cases} \tag{3-37}$$

式中,R_* 和 R^* 可用改进的一次二阶矩法分别求得。

3.3　实例研究

黄河干流兰州以上地区由于污染源少,水质较好,一般为 Ⅱ~Ⅲ 类水;兰州以下由于支流汇入和工农业、生活废污水的排放等原因,导致干流水质变差,基本为 Ⅳ~劣Ⅴ 类水。实测结果显示,黄河上游地区的部分入黄支流,其污染程度要明显大于黄河干流。如在兰州市区范围内,汇入黄河干流的一级支流有湟水河、庄浪河、宛川河等,这些支流的水环境污染主要是有机物污染,部分河段由于排污影响,存在局部的重金属污染、油污染、有机毒物污染和无机营养物污染等。主要污染水质指标为高锰酸钾指数、化学需氧量、五日生化需氧量、溶解氧、氨氮、亚硝酸盐氮、镉、铅、汞、石油类、挥发酚、总磷等。这里以黄河一级支流宛川河上的鸢谷水库及其上游高崖水库为例,利用前面建立的灰色－随机复合不确定性分析方法,对梯级水库进行水质超标的灰色－随机风险分析。

黄河一级支流宛川河发源于甘肃临洮县泉头村(海拔约 2 300 m),自东南向西北在兰州桑园峡注入黄河,全长约 75 km。鸢谷水库位于宛川河上游的鸢谷峡,控制流域面积 56 km²,担负着 1.15 万亩❶农田灌溉及 5 万人生产生活用水的重要作用。其上游的高崖

---

❶　1 亩 $=1/15$ hm²,全书同。

水库控制流域面积 131 km^2,总库容 1 160 万 m^3,是以防洪为主、兼顾灌溉的中型水库。

菟谷水库是周边城镇工业、生活用水及农灌、农村生活和乡镇企业用水的主要来源,要求其库水水质达到《地表水环境质量标准》(GB 3838—2002)Ⅲ类水质标准。然而,近年来随着菟谷水库周边经济的发展,大量的工业废水与生活污水排入水库,同时受其上游梯级高崖水库来水的影响,导致菟谷水库的水质逐渐恶化,严重制约了库区周边经济的发展。水库污染主要是有机物污染、重金属污染、油污染和无机营养物污染等,其主要水质指标为化学需氧量、溶解氧、氨氮、挥发酚、铜、锌等。高崖水库作为紧邻菟谷水库的上游梯级水库,也主要是以城镇生活污染和工业污染为主,其主要水质指标与菟谷水库类似。

3.3.1 水质超标的灰色-随机风险分析

定性分析认为,菟谷水库的库水水质主要受其上游高崖水库来水水质及菟谷水库控制区域周边厂矿废水、生活污水排入等影响。其中,高崖水库的来水水质是菟谷水库水质的重要影响因素,决定了菟谷水库的基本水质情况。此外,菟谷水库的水质污染源主要是其水库控制区域内的城镇生活污染和工业污染,其中化学需氧量、氨氮、铜、锌是造成水体污染的主要原因。由此可知:影响菟谷水库水质变化的风险因素主要是上游高崖水库水质、菟谷水库区内的厂矿废水、县镇生活污染和工业污染因素。为此,选择上游高崖水库水质综合因子、菟谷水库的化学需氧量、氨氮、铜、锌为水质风险影响因子。根据两座水库水质污染程度的不同,按以下两种方案进行水质风险分析。

3.3.1.1 方案一:菟谷水库比高崖水库水质污染轻的情况

根据上述菟谷水库水质风险变化的风险因素分析,对影响水库水质风险因子进行计算,其中表 3-1、表 3-3 和表 3-5 分别为各水库水质特征值,特征值存在着一定范围的随机波动,波动值呈正态分布型。若进一步考虑水质参数由于缺乏充足的观测信息而存在灰色不确定性,则用 Shafer 法可将正态分布的均值处理成如表 3-2、表 3-4 和表 3-6 所示的灰区间形式。

表 3-1　高崖水库水质风险特征参数值

特征参数	X_{11}(mg/L) 化学需氧量(COD)	X_{12}(mg/L) 氨氮(NH$_3$—N)	X_{13}(mg/L) 铜(Cu)	X_{14}(mg/L) 锌(Zn)
取值范围	18.30 ~ 20.20	0.85 ~ 1.06	0.82 ~ 1.11	0.83 ~ 1.05
均值	19.257	0.929	0.919	0.924
均方差	0.692	0.072	0.095	0.080

表 3-2　高崖水库水质风险特征参数的灰色期望值

特征参数	X_{11G}(mg/L) 化学需氧量(COD)	X_{12G}(mg/L) 氨氮(NH$_3$—N)	X_{13G}(mg/L) 铜(Cu)	X_{14G}(mg/L) 锌(Zn)
灰色期望 E_{1G*}	19.063	0.908	0.892	0.902
灰色期望 E_{1G}^{*}	19.451	0.949	0.945	0.947

表 3-3　龛谷水库水质风险特征参数值(未考虑上游高崖水库影响)

特征参数	X_{21}(mg/L) 化学需氧量(COD)	X_{22}(mg/L) 氨氮(NH$_3$—N)	X_{23}(mg/L) 铜(Cu)	X_{24}(mg/L) 锌(Zn)
取值范围	18.10 ~ 20.00	0.82 ~ 1.05	0.80 ~ 1.10	0.80 ~ 1.05
均值	18.971	0.907	0.904	0.906
均方差	0.732	0.077	0.098	0.088

表 3-4　龛谷水库水质风险特征参数的灰色期望值(未考虑上游高崖水库影响)

特征参数	X_{21G}(mg/L) 化学需氧量(COD)	X_{22G}(mg/L) 氨氮(NH$_3$—N)	X_{23G}(mg/L) 铜(Cu)	X_{24G}(mg/L) 锌(Zn)
灰色期望 E_{2G*}	18.766	0.885	0.877	0.881
灰色期望 E_{2G}^{*}	19.176	0.929	0.932	0.930

表 3-5　龛谷水库水质风险特征参数值(考虑上游高崖水库影响)

特征参数	X_{31}(mg/L) 化学需氧量(COD)	X_{32}(mg/L) 氨氮(NH$_3$—N)	X_{33}(mg/L) 铜(Cu)	X_{34}(mg/L) 锌(Zn)
取值范围	18.10 ~ 20.20	0.82 ~ 1.06	0.80 ~ 1.11	0.80 ~ 1.05
均值	19.114	0.918	0.911	0.915
均方差	0.700	0.073	0.093	0.081

表 3-6 黉谷水库水质风险特征参数的灰色期望值(考虑上游高崖水库影响)

特征参数	X_{31G} (mg/L) 化学需氧量(COD)	X_{32G} (mg/L) 氨氮(NH$_3$—N)	X_{33G} (mg/L) 铜(Cu)	X_{34G} (mg/L) 锌(Zn)
灰色期望 E_{3G*}	18.918	0.897	0.885	0.892
灰色期望 E_{3G}^{*}	19.310	0.938	0.937	0.938

根据表 3-2 中所求的上游高崖水库风险特征参数的上、下灰色期望值,用灰色－随机风险概率的计算方法,对上游高崖水库水质进行风险分析。假定用向量 $X_{1G} = (X_{11G}, X_{12G}, X_{13G}, X_{14G})$ 来表示水质风险影响因子,各项因子相互独立。首先建立功能函数 $g(X_{1G}) = g(X_{11G}, X_{12G}, X_{13G}, X_{14G})$,其中 $X_{11G}, X_{12G}, X_{13G}, X_{14G}$ 与水质超标灰色－随机风险概率 R_{1G} 呈正相关。

当功能函数 $g(X_{1G}) > 0$ 时,水质达到质量要求。当 $g(X_{1G}) < 0$ 时,水质超过控制目标,则超标灰色－随机风险概率为:

$$R_{1G} = [R_{1*}, R_1^*] = P\{g(X_{1G}) < 0\}$$

因此,用 AFOSM 法求得各个因子可能发生水质超标风险的灰色概率区间,即从 $(X_{11G*}, X_{12G*}, X_{13G*}, X_{14G*})$ 构成的 X_{1G*} 中求得风险概率的最小值 R_{1*},从 $(X_{11G}^*, X_{12G}^*, X_{13G}^*, X_{14G}^*)$ 构成的 X_{1G}^* 中求得风险概率的最大值 R_1^*,从而最终求得上游高崖水库的水质超标灰色－随机风险概率 R_{1G}:

$$R_{1G} = [R_{1*}, R_1^*] = [\min(X_{11G*}, X_{12G*}, X_{13G*}, X_{14G*}), \max(X_{11G}^*, X_{12G}^*, X_{13G}^*, X_{14G}^*)]$$
$$= [\min(0.088, 0.103, 0.127, 0.111), \max(0.214, 0.240, 0.281, 0.254)]$$
$$= [0.088, 0.281]$$

故上游高崖水库水质的超标灰色－随机风险概率为 $[0.163, 0.499]$,其所求的风险率是一个灰色区间,较好地体现和度量了水质风险率的不确定性。

同理,根据表 3-4 中所求的黉谷水库(未考虑上游高崖水库影响)风险特征参数的上、下灰色期望值,用灰色－随机风险概率的计算方法,对黉谷水库水质进行风险分析,最终求得单独考虑黉谷水库水质超标而不考虑上游梯级影响的灰色－随机风险概率为:

$$R_{2G} = [R_{2*}, R_2^*] = [\min(X_{21G*}, X_{22G*}, X_{23G*}, X_{24G*}), \max(X_{21G}^*, X_{22G}^*, X_{23G}^*, X_{24G}^*)]$$
$$= [\min(0.046, 0.069, 0.104, 0.088), \max(0.130, 0.179, 0.242, 0.213)]$$
$$= [0.046, 0.242]$$

最后,根据表 3-6 中所求得的黉谷水库风险特征参数,对考虑上游高崖水库影响下的黉谷水库水质进行灰色－随机风险分析,最终求得考虑上游梯级水库影响下的黉谷水库水质超标灰色－随机风险概率:

$$R_{3G} = \left[R_{3*}, R_3^* \right] = \left[\min(X_{31G*}, X_{32G*}, X_{33G*}, X_{34G*}), \max(X_{31G}^*, X_{32G}^*, X_{33G}^*, X_{34G}^*) \right]$$

$$= \left[\min(0.061, 0.080, 0.109, 0.093), \max(0.162, 0.198, 0.250, 0.222) \right]$$

$$= \left[0.061, 0.250 \right]$$

方案一的水库水质超标灰色-随机风险概率如表3-7所示。

表3-7　水质超标灰色-随机风险概率(方案一)

水库名称	水质类别	X_1 化学需氧量 (COD)	X_2 氨氮 (NH$_3$—N)	X_3 铜(Cu)	X_4 锌(Zn)	综合风险概率	说明
高崖水库	Ⅲ类	(0.088, 0.214)	(0.103, 0.240)	(0.127, 0.281)	(0.111, 0.254)	(0.088, 0.281)	
羌谷水库	Ⅲ类	(0.046, 0.130)	(0.069, 0.179)	(0.104, 0.242)	(0.088, 0.213)	(0.046, 0.242)	未考虑上游高崖水库影响
		(0.061, 0.162)	(0.080, 0.198)	(0.109, 0.250)	(0.093, 0.222)	(0.061, 0.250)	考虑上游高崖水库影响

分析表3-7可知,当上游高崖水库污染相对严重时,必须考虑其下泄水流自身水质对下游羌谷水库水质的影响,这时求得的羌谷水库水质超标灰色-随机风险概率为[0.061,0.250],比不考虑高崖水库来水水质影响因子时的水质超标灰色-随机风险概率[0.046,0.242]有所增加。同时,采用灰色-随机复合不确定性分析方法所求得的水质风险概率是一个灰色区间范围,能较好地体现和度量梯级水库水质风险的不确定性。

3.3.1.2　方案二:羌谷水库比高崖水库水质污染严重的情况

根据前述羌谷水库水质风险变化的风险因素分析,对影响水库水质风险因子进行计算,其中表3-8和表3-10分别为各水库水质特征值,特征值存在着一定范围的随机波动,波动值呈正态分布型。若进一步考虑水质参数由于缺乏充足的观测信息而存在灰色不确定性,则用Shafer法可将正态分布的均值处理成如表3-9~表3-11所示的灰区间形式。

表3-8　高崖水库水质风险特征参数值

特征参数	X_{41}(mg/L) 化学需氧量(COD)	X_{42}(mg/L) 氨氮(NH$_3$—N)	X_{43}(mg/L) 铜(Cu)	X_{44}(mg/L) 锌(Zn)
取值范围	18.00~20.00	0.80~1.03	0.80~1.05	0.80~1.02
均值	18.829	0.889	0.883	0.889
均方差	0.702	0.078	0.083	0.077

表 3-9　高崖水库水质风险特征参数的灰色期望值

特征参数	X_{41G} (mg/L) 化学需氧量(COD)	X_{42G} (mg/L) 氨氮(NH$_3$—N)	X_{43G} (mg/L) 铜(Cu)	X_{44G} (mg/L) 锌(Zn)
灰色期望 E_{4G*}	18.632	0.867	0.860	0.867
灰色期望 E_{4G}^{*}	19.025	0.911	0.906	0.910

表 3-10　窆谷水库水质风险特征参数值(考虑上游高崖水库影响)

特征参数	X_{51} (mg/L) 化学需氧量(COD)	X_{52} (mg/L) 氨氮(NH$_3$—N)	X_{53} (mg/L) 铜(Cu)	X_{54} (mg/L) 锌(Zn)
取值范围	18.00 ~ 20.00	0.80 ~ 1.05	0.80 ~ 1.10	0.80 ~ 1.05
均值	18.900	0.898	0.894	0.897
均方差	0.693	0.075	0.088	0.080

表 3-11　窆谷水库水质风险特征参数的灰色期望值(考虑上游高崖水库影响)

特征参数	X_{51G} (mg/L) 化学需氧量(COD)	X_{52G} (mg/L) 氨氮(NH$_3$—N)	X_{53G} (mg/L) 铜(Cu)	X_{54G} (mg/L) 锌(Zn)
灰色期望 E_{5G*}	18.706	0.877	0.869	0.875
灰色期望 E_{5G}^{*}	19.094	0.919	0.918	0.919

根据表 3-9 中所求得风险特征参数的上、下灰色期望值,对上游高崖水库水质进行灰色 - 随机风险分析。假定用向量 $X_{4G} = (X_{41G}, X_{42G}, X_{43G}, X_{44G})$ 来表示水质风险影响因子,各项因子相互独立。首先建立功能函数 $g(X_{4G}) = g(X_{41G}, X_{42G}, X_{43G}, X_{44G})$,其中 X_{41G}, X_{42G}, X_{43G}, X_{44G} 与水质超标灰色 - 随机风险概率 R_{4G} 呈正相关。

当功能函数 $g(X_{4G}) > 0$ 时,水质达到质量要求。当 $g(X_{4G}) < 0$ 时,水质超过控制目标,则超标灰色 - 随机风险率为:

$$R_{4G} = [R_{4*}, R_4^*] = P\{ g(X_{4G}) < 0 \}$$

因此,用 AFOSM 法求得各个因子可能发生水质超标风险的灰色概率区间,即从 $(X_{41G*}, X_{42G*}, X_{43G*}, X_{44G*})$ 构成的 X_{4*} 中求得风险概率的最小值 R_{4*},从 $(X_{41G}^{*}, X_{42G}^{*}, X_{43G}^{*}, X_{44G}^{*})$ 构成的 X_{4G}^{*} 中求得风险概率的最大值 R_4^*,从而最终求得上游高崖水库的水质超标灰色 - 随机风险概率 R_{4G}:

$$R_{4G} = [R_{4*}, R_4^*] = [\min(X_{41G*}, X_{42G*}, X_{43G*}, X_{44G*}), \max(X_{41G}^*, X_{42G}^*, X_{43G}^*, X_{44G}^*)]$$

$$= [\min(0.026, 0.044, 0.045, 0.042), \max(0.082, 0.127, 0.129, 0.121)]$$

$$= [0.026, 0.129]$$

故上游高崖水库水质的超标灰色－随机风险概率为[0.026,0.129]，其所求的风险率是一个灰色区间，较好地体现和度量了水质风险概率的不确定性。

最后，根据表3-11的风险特征参数上、下灰色期望值，用风险概率的计算方法，对考虑上游高崖水库影响下的龚谷水库水质进行灰色－随机风险分析，求得龚谷水库水质超标灰色－随机风险概率，即：

$$R_{5G} = [R_{5*}, R_5^*] = [\min(X_{51G*}, X_{52G*}, X_{53G*}, X_{54G*}), \max(X_{51G}^*, X_{52G}^*, X_{53G}^*, X_{54G}^*)]$$

$$= [\min(0.031, 0.051, 0.068, 0.058), \max(0.095, 0.142, 0.176, 0.156)]$$

$$= [0.031, 0.176]$$

对于方案二，未考虑上游高崖水库影响下的龚谷水库水质风险分析结果与方案一相同，见表3-3、表3-4和表3-7。表3-12统计了方案二的水库水质超标的灰色－随机风险概率。

表3-12　水质超标灰色－随机风险概率（方案二）

水库名称	水质类别	X_1 化学需氧量（COD）	X_2 氨氮（NH$_3$—N）	X_3 铜（Cu）	X_4 锌（Zn）	综合风险概率	说明
高崖水库	Ⅲ类	(0.026, 0.082)	(0.044, 0.127)	(0.045, 0.129)	(0.042, 0.121)	[0.026, 0.129]	
龚谷水库	Ⅲ类	(0.046, 0.130)	(0.069, 0.179)	(0.104, 0.242)	(0.088, 0.213)	[0.046, 0.242]	未考虑上游高崖水库影响
		(0.031, 0.095)	(0.051, 0.142)	(0.068, 0.176)	(0.058, 0.156)	[0.031, 0.176]	考虑上游高崖水库影响

由表3-12可知，如果考虑紧邻上游梯级水库的水质影响，则龚谷水库的水质超标灰色－随机风险概率为[0.031,0.176]，比不考虑上游梯级水库水质影响因子时的水质超标灰色－随机风险概率[0.046,0.242]有所降低。同样，采用灰色－随机复合不确定性分析方法所求得的水质风险概率是一个灰色区间范围，能较好地体现和度量梯级开发中水库水质风险的不确定性。

综上所述，通过方案一和方案二的水质风险分析比较，得到以下结论：

（1）方案一（龚谷水库比高崖水库水质污染轻）情况下，如果考虑上游梯级水库的水质影响，则龚谷水库的水质超标灰色－随机风险概率为[0.061,0.250]，比不考虑上游水库水质影响时的风险率[0.046,0.242]有所增加；方案二（龚谷水库比高崖水库水质污染严重)情况下,如果考虑上游梯级水库的影响,则龚谷水库水质超标的灰色 – 随机风险概率为[0.031, 0.176],比不考虑上库影响时的风险概率[0.046, 0.242]有所降低。因此,分析结果较好地揭示了梯级水库之间的水质污染影响关系。

(2)采用本章建立的灰色 – 随机复合不确定性分析方法所求得的水质风险概率是一个灰色区间范围,能较好地体现和度量梯级开发中水库水质风险的不确定性。

3.3.2 水质超标的风险减缓措施

针对梯级水库水质超标风险,建议采取以下措施减缓风险:

(1)完善库区水质动态监测体系。针对水库实际情况,科学制订监测计划,制定科学的监测频率与项目,分期逐步实施和完善水库水质监测体系。

(2)加强对库区及入库排污口的监督管理。建立健全库区及上游排污口动态监测体系,准确掌握主要污染物排放口的位置、排放量、排放方式等情况,为库区排污口的监督管理提供科学依据。控制库区工矿企业的无序发展,减少新的入库排污口的增加;在排污口动态监测资料的基础上,加强对库区及上游现有排污口的监督管理,防止库区水质恶化的产生。

(3)加强库区污染防治。库区污染的预防和治理应从加强工业污染治理、加强水库内污染管理、加强农村面源污染防治三方面入手。

3.4 小 结

本章针对梯级开发中的水质风险及其不确定性问题进行了研究,提出了梯级开发的水质风险灰色 – 随机复合不确定性分析方法。主要内容包括:

(1)综合分析了梯级开发的水质中的各种风险因素及其不确定性,在此基础上,提出了对梯级开发的水质风险进行分析的思路和方法。

(2)研究了随机和灰色两种不确定性交互作用而形成的复合不确定性问题,提出了梯级开发的水质超标灰色 – 随机风险概率分析方法,在综合考虑梯级开发水质中的随机和灰色不确定性的基础上,建立了梯级开发的水质超标灰色 – 随机风险概率表达形式,并推导了相应的灰色 – 随机风险概率的计算方法。

(3)利用所提出的梯级开发的水质超标灰色 – 随机风险分析方法,进行了工程实例的应用与分析。分析结果表明,所求得的水质风险概率是一个灰色区间范围,能较好地体现和度量水库水质风险的不确定性及梯级开发中上库对下库水质的影响效应。

4 基于风险因子层次分析法的生态与环境需水量模糊神经网络模型

近年来,流域梯级开发的生态与环境需水量及其风险问题已引起人们的极大关注,研究人员逐渐展开了对相关问题的思考和研究。然而,综观国内外有关生态与环境需水量方面的研究,在取得进展的同时,也暴露出了某些不足,如:生态与环境需水量的概念和定义尚不明确,水量重复计算、定量化确定困难,时间与空间尺度不够准确,计算方法发展缓慢,某些分析方法仅以生态和环境用水的简单叠加计算生态与环境需水量因而缺乏真实性等。为此,本章拟在合理划分生态与环境需水量概念的基础上,主要针对生态与环境需水量的风险及其建模拟合分析问题进行研究。

4.1 生态与环境需水量的基本概念

对于生态需水量与环境需水量,二者既相互区别又相互联系,至今仍没有明确的标准定义,其概念从不同角度出发有着不同的划分,如广义、狭义之分,水域、陆地之分,生态需水、环境需水之分,等等。

结合黄河流域上游梯级开发的工程实际,本书将生态与环境需水量按生态与环境需水两部分进行区分,详见图4-1。其中,生态需水量是指维持生态系统中具有生命的生物

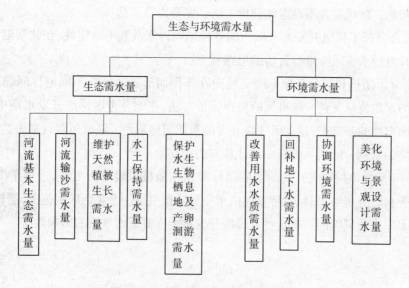

图4-1 生态与环境需水量构成示意图

体水分平衡所需要的水量,主要包括河流基本生态需水、河流输沙需水、维护天然植被生长需水、水土保持需水、保护水生生物栖息地及产卵洄游需水等;环境需水量是指为保护和改善人类居住环境及其水环境所需要的水量,主要包括改善用水水质需水、回补地下水需水、协调环境需水、美化环境与景观设计需水等。

4.2　生态与环境需水量的风险因子分析

流域的梯级开发建设给流域各河段维持正常发展的生态与环境需水量带来了新的挑战。若将生态与环境需水量按生态与环境用水两部分进行考虑,则可按其各自的内涵组成对生态与环境需水量的风险影响因子进行划分如下。

生态需水量的风险影响因子划分为河流基本生态需水因子、河流输沙需水因子、维护天然植被生长需水因子、水土保持需水因子、保护水生生物栖息地及产卵洄游需水因子等五部分。其中,河流基本生态需水因子是指用以满足河流纳污功能,以及部分排盐、蒸发和保证河流不断流等方面的所需水量因子,主要受河道上下游梯级放水量、需水量、河道水质污染程度、区域内降雨、蒸发等因素影响;河流输沙需水因子是指维持河流中下游的水沙平衡所需水量因子,主要受区域内降雨、蒸发、上游梯级来水来沙情况等因素影响;维护天然植被生长需水因子是指保证森林、草地、湿地、荒漠植被等生长所需水量因子,主要受区域气候、降雨、上下游梯级径流量等因素影响;水土保持需水因子是指以流域为单元,通过采取生物、工程和耕作等措施来改善生态所消耗的水量因子,主要受上游梯级来水来沙量、区域降雨、产水产沙量等因素影响;保护水生生物栖息地及产卵洄游需水因子是指维持湖泊、河流中鱼类、浮游生物等生存、繁殖所需的水量因子,主要受河道水温、河道水质、河道流速、上游梯级的下泄水量及下游梯级的需水量等因素影响。

环境需水量的风险影响因子划分为改善用水水质需水因子、回补地下水需水因子、协调环境需水因子、美化环境与景观设计需水因子等四部分。改善用水水质需水因子是指保证河流枯水期的最小流量,使其维持河流最基本的环境功能,具有一定的污径比以提高水体自净能力,达到改善水质目的所需水量因子,主要受上下游梯级放水量、需水量、河道水流速度及河道周边水体环境污染情况等因素影响;回补地下水需水因子是指在地下水超采区为了遏制超采地下水所引起的地质环境等问题,需要一定的回灌用水量因子,主要受区域降雨、地质,梯级带周边经济发展对地下水需求等因素影响;协调环境需水因子是指为了维持水沙平衡、水盐平衡及维护河口地区生态与环境,需要保持一定的下泄水量或入海水量需水因子,主要受上游梯级来水来沙情况、区域降雨、蒸发、下游梯级需水量等因素影响;美化环境与景观设计需水因子是指周边净化、绿化及划船、垂钓旅游等休闲娱乐用水,主要受上下游梯级及区域河道内的运行现状等因素影响。

各风险影响因子间相互作用,在流域梯级开发水库群的联合作用下共同决定了生态与环境需水量的风险大小。

4.3 基于风险因子层次分析法的模糊神经网络模型

生态与环境需水量是一个复杂的概念,近年来,国内外在流域梯级开发过程中的生态与环境需水量方面的研究,已取得了一定的研究进展。就采用的模型和分析方法而言,在国外:主要包括水文水力学基础方法(Tennant 法、7Q10 法、枯水频率法、R2CROSS 法、湿周法)、生物生态学基础方法(河道内流量增加法、CASIMIR 法、多层次分析法、地形结构法)、整体法(建模块法 BBM、专家组评价分析亦称栖息地分析法、桌面模型)等;在国内:主要采用环境功能设定法、河流基本生态与环境需水量计算法、最枯月平均流量法、水量补充法、假设法等分析方法,计算模型公式大多是以水文、水力学方面知识为依托建立。

综观国内外现有研究,其生态与环境需水量的影响因子选取主要是因流域特点而异,但在分析各影响因子的相互作用时,却多是基于单一因子分析法进行考虑,仅对各影响因子进行简单的叠加处理,而没有考虑它们之间的相互作用,这样就不可避免地会带来水量重复计算等问题,导致计算结果失真,影响模型预测精度。

4.3.1 建模思路

基于上述对国内外现有研究存在不足的考虑,并结合相关学科数理分析方法的最新发展,本书拟将综合考虑因子相互作用关系的多因子层次分析法与在非线性逼近拟合与复杂系统中模糊信息处理上颇具优势的模糊神经网络理论进行有机结合,从而对流域梯级开发的生态与环境需水量进行基于风险因子层次分析法的模糊神经网络建模分析。具体思路是:对生态与环境需水量风险各因子进行多因子层次分析,将其分析所得的最终权值计算结果(各指标组合权重值)作为模糊神经网络模型中输入层因子的初始权值,以合理消除神经网络系统对输入层因子随机赋初始权值可能无法求得全局最优解的不利影响,从而建立更加合理可靠的生态与环境需水量拟合与预测模型。

在拟建立的基于多因子层次分析法的模糊神经网络模型中,多因子层次分析法被用来将影响生态与环境需水量的不同层次的多影响因子连接成一有机整体,并将其权值计算结果应用于模糊神经网络,以提高训练精度;模糊神经网络模型则被用来建立、训练和处理系统复杂信息,模糊优化求解,最终实现基于不同层次多因子共同作用下的模糊神经网络模型对生态与环境需水量进行分析预测的目的。

4.3.2 建模原理与求解方法

4.3.2.1 模糊神经网络模型的建立

人工神经网络(Artificial Neural Network, ANN)模型于 1943 年由数理逻辑学家 Pitts

W. 和心理学家 McCulloch W. S. 提出,具有大规模并行处理、分布式存储、自适应性、学习性、记忆性、较大限度的数据容错性等特点,通过训练学习而具备适应外部环境的能力、模式识别能力和外部推理能力,适合历史数据丰富、模型不确定的情况下的分析。

模糊推理系统(Fuzzy Inference System, FIS)于 1965 年由美国自动控制专家 L. A. Zadeh 提出,它从传统的明确、清晰、定量化的思维模式转变,考虑并吸取了人脑思维模糊性的特点,遵循人脑思维的另一模式,在很多具体问题中比明确定量化的模式保留了更多的有用信息。

模糊神经网络(Fuzzy Neural Network, FNN)把神经网络的学习能力引入到模糊系统中,将模糊系统的模糊化处理、模糊推理通过神经网络来表示,具有良好的非线性逼近能力和处理复杂系统中模糊信息的能力,其内涵实质就是在一般的神经网络的输入层和输出层分别加入一层模糊语言量化与模糊化层,从而能够处理一些由模糊语言所反映的复杂系统,一般分输入量化、输入层、隐含层、输出层和输出反模糊化。将神经网络与模糊推理系统有机结合形成模糊神经网络,易于优势互补,其建模原理和求解步骤如下。

1)建模原理

神经网络学习公式推导的核心思想是,对网络权值(ω_{ij}, T_{li})的修正与阈值 θ 的修正,使误差函数 E 沿梯度方向下降。

模糊网络三层节点表示为,输入节点 x_j、隐节点 y_i、输出节点 O_l。输入节点与隐节点间的网络权值为 ω_{ij},隐节点与输出节点间的网络权值为 T_{li}。当输出节点的期望输出为 t_l 时,模糊神经网络模型的计算公式如下。

隐节点的输出:

$$y_i = f(\sum_j \omega_{ij}x_j - \theta_i) = f(net_i) \tag{4-1}$$

输出节点计算输出:

$$O_l = f(\sum_i T_{li}y_i - \theta_l) = f(net_l) \tag{4-2}$$

输出节点的误差公式:

$$E = \frac{1}{2}\sum_l [t_l - O_l]^2 = \frac{1}{2}\sum_l [t_l - f(\sum_i T_{li}y_i - \theta_l)]^2$$
$$= \frac{1}{2}\sum_l \{t_l - f[\sum_i T_{li}f(\sum_j \omega_{ij}x_j - \theta_i) - \theta_l)]\}^2 \tag{4-3}$$

其中,$net_i = \sum_j \omega_{ij}x_j - \theta_i$;$net_l = \sum_i T_{li}y_i - \theta_l$。

(1)对隐节点的权值公式推导:

$$\frac{\partial E}{\partial \omega_{ij}} = \sum_l \sum_i \frac{\partial E}{\partial O_l}\frac{\partial O_l}{\partial y_i}\frac{\partial y_i}{\partial \omega_{ij}} \tag{4-4}$$

$$\frac{\partial E}{\partial \omega_{ij}} = \sum_l \sum_j \frac{\partial E}{\partial O_l}\frac{\partial O_l}{\partial y_i}\frac{\partial y_i}{\partial \omega_{ij}} \tag{4-5}$$

式中:E 是多个 O_l 函数,针对某一个 ω_{ij},对应一个 y_i,它与所有 O_l 有关(上式只存在对 l 的求和),其中:

$$\frac{\partial E}{\partial O_l} = \frac{1}{2} \sum_k \left[-2(t_k - O_k) \frac{\partial O_k}{\partial O_l} \right] = -(t_l - O_l) \tag{4-6}$$

则:

$$\frac{\partial O_l}{\partial y_i} = \frac{\partial O_l}{\partial net_l} \frac{\partial net_l}{\partial y_i} = f'(net_l) \frac{\partial net_l}{\partial y_i} = f'(net_l) T_{li} \tag{4-7}$$

$$\frac{\partial y_i}{\partial \omega_{ij}} = \frac{\partial y_i}{\partial net_i} \frac{\partial net_i}{\partial \omega_{ij}} = f'(net_i) x_j \tag{4-8}$$

则:

$$\frac{\partial E}{\partial \omega_{ij}} = - \sum_l (t_l - O_l) f'(net_l) T_{li} f'(net_i) x_j = - \sum_l \delta_l T_{li} f'(net_i) x_j \tag{4-9}$$

设隐节点误差 δ_i' 为:

$$\delta_i' = \sum_l \delta_l T_{li} f'(net_i) \tag{4-10}$$

则:

$$\frac{\partial E}{\partial \omega_{ij}} = - \delta_i' x_j \tag{4-11}$$

由于权值的修正 ΔT_{li}、$\Delta \omega_{ij}$ 正比于误差函数沿梯度下降,有:

$$\left. \begin{array}{l} \Delta T_{li} = - \eta \dfrac{\partial E}{\partial T_{li}} = \eta \delta_l y_i \\[2mm] \delta_l = (t_l - O_l) f'(net_l) \\[2mm] \Delta \omega_{li} = - \eta' \dfrac{\partial E}{\partial \omega_{li}} = \eta' \delta_i x_j \\[2mm] \delta_i = f'(net_i) \sum_l \delta_l T_{li} \end{array} \right\} \tag{4-12}$$

(2)对输出节点的权值公式推导:

$$\frac{\partial E}{\partial T_{li}} = \sum_{k=1}^n \frac{\partial E}{\partial O_k} \frac{\partial O_k}{\partial T_{li}} = \frac{\partial E}{\partial O_l} \frac{\partial O_l}{\partial T_{li}} \tag{4-13}$$

式中:E 为多个 O_k 的函数,但只有一个 O_l 与 T_{li} 有关,各个 $O_k i$ 间相互独立。其中:

$$\frac{\partial E}{\partial O_l} = \frac{1}{2} \sum_k \left[-2(t_k - O_k) \frac{\partial O_k}{\partial O_l} \right] = -(t_l - O_l) \tag{4-14}$$

$$\frac{\partial O_l}{\partial T_{li}} = \frac{\partial O_l}{\partial net_l} \frac{\partial net_l}{\partial T_{li}} = f'(net_l) y_i \tag{4-15}$$

则:

$$\frac{\partial E}{\partial T_{li}} = -(t_l - O_l) f'(net_l) y_i \tag{4-16}$$

设输出节点误差为：

$$\delta_l = -(t_l - O_l)f'(net_l) \qquad (4-17)$$

则：

$$\frac{\partial E}{\partial T_{li}} = -\delta_l y_i \qquad (4-18)$$

（3）阈值的修正推导：

阈值 θ 也是一个变化值，在修正权值的同时也要对阈值进行修正，原理同权值修正。

①对隐节点的阈值修正：

$$\frac{\partial E}{\partial \theta_i} = \sum_l \frac{\partial E}{\partial O_l} \frac{\partial O_l}{\partial y_i} \frac{\partial y_i}{\partial \theta_i} \qquad (4-19)$$

其中

$$\frac{\partial E}{\partial O_l} = -(t_l - O_l)$$

$$\frac{\partial O_l}{\partial y_i} = f'(net_l)T_{li}$$

$$\frac{\partial y_i}{\partial \theta_i} = \frac{\partial y_i}{\partial net_i} \frac{\partial net_i}{\partial \theta_i} = f'(net_i) \cdot (-1) = -f'(net_i)$$

则：

$$\frac{\partial E}{\partial \theta_i} = -\sum_l (t_l - O_l)f'(net_l)T_{li}f'(net_i) = \sum_l \delta_l T_{li}f'(net_i) = \delta_i' \qquad (4-20)$$

而

$$\Delta\theta_i = \eta' \frac{\partial E}{\partial \theta_i} = \eta'\delta_i' \qquad (4-21)$$

则：

$$\theta_i(k+1) = \theta_i(k) + \eta'\delta_i' \qquad (4-22)$$

②对输出节点的阈值修正：

$$\frac{\partial E}{\partial \theta_l} = \frac{\partial E}{\partial O_l} \frac{\partial O_l}{\partial \theta_l} \qquad (4-23)$$

其中

$$\frac{\partial E}{\partial O_l} = -(t_l - O_l), \frac{\partial O_l}{\partial \theta_l} = \frac{\partial O_l}{\partial net_l} \frac{\partial net_l}{\partial \theta_l} = f'(net_l) \cdot (-1) \qquad (4-24)$$

则：

$$\frac{\partial E}{\partial \theta_l} = (t_l - O_l)f'(net_l) = \delta_l \qquad (4-25)$$

而

$$\Delta\theta_l = \eta \frac{\partial E}{\partial \theta_l} = \eta\delta_l \qquad (4-26)$$

则：

$$\theta_l(k+1) = \theta_l(k) + \eta\delta_l \qquad (4\text{-}27)$$

(4) FNN 模型计算基本公式汇总:

① 对隐节点层(输入节点到隐节点数)的修正公式:

误差公式:

$$\delta_i' = f'(net_i)\sum_l \delta_l T_{li}$$

权值修正:

$$\omega_{ij}(k+1) = \omega_{ij}(k) + \Delta\omega_{ij} = \omega_{ij}(k) + \eta'\delta_i' x_j \qquad (4\text{-}28)$$

阈值修正:

$$\theta_i(k+1) = \theta_i(k) + \eta'\delta_i'$$

② 对输出节点层(隐节点到输出节点间)的修正公式:

误差修正:

$$\delta_l = -(t_l - O_l)f'(net_l)$$

权值修正:

$$T_{li}(k+1) = T_{li}(k) + \Delta T_{li} = T_{li}(k) + \eta\delta_l y_i \qquad (4\text{-}29)$$

阈值修正:

$$\theta_l(k+1) = \theta_l(k) + \eta\delta_l$$

公式中各项符号的含义如前所述。

(5) 传递函数 $f(x)$ 的导数公式:

传递函数 $f(x) = \dfrac{1}{1+e^{-x}}$,存在关系

$$f'(x) = f(x)[1 - f(x)] \qquad (4\text{-}30)$$

则:

$$f'(net_k) = f(net_k)[1 - f(net_k)] \qquad (4\text{-}31)$$

对隐节点:

$$y_i = f(net_i)$$
$$f'(net_i) = y_i[1 - f(y_i)] \qquad (4\text{-}32)$$

对输出节点:

$$O_l = f(net_l)$$
$$f'(net_l) = O_l[1 - f(O_l)] \qquad (4\text{-}33)$$

2) 求解步骤

(1) 将模糊系统用神经网络的结构表示,确定输入和输出样本集合。

一般需将样本数据按不同用途进行分类,如样本数据充足,可考虑按照训练集(train set)、确证集(validation set)、测试集(test set)对样本数据进行分组,常取训练(用于估计模型)为 50%、确证(用于确定网络模型或者控制模型复杂程度的参数)为 25%、测试(检

验最终选择最优模型的性能如何)为25%,三部分均从样本中随机抽取;若样本数据很少,常用的方法是留少部分做测试集,再对其余 n 个样本采用 K 折交叉验证法。

(2)用相应的学习算法训练模糊神经网络,建立网络模型,实现模糊推理。

①为消除样本数据单位量级不统一和神经网络易陷入局部极小值的影响,加快训练网络的收敛性,可对样本数据进行归一化处理,使处理数据限制在一定的范围内;条件许可时,也可以不进行归一化处理。常用的归一化方法有:线性函数转换,对数函数转换,反余切函数转换,premnmx、postmnmx、tramnmx 语句法和 prestd、poststd、trastd 语句法等,这里不再赘述。

②选定适当的传递函数、训练函数,创建一新的模糊神经网络,随机或合理给定输入层、隐含层与输出层间的传递初始权值和阈值,设定训练参数训练模糊网络。常用的训练参数有训练要求精度(net. trainParam. goal)、训练学习速度(net. trainParam. lr)、限时训练迭代过程(net. trainParam. show)、最大训练轮回次数(net. trainParam. epochs)和动量系数(net. trainParam. mc)等。

(3)对 FNN 模型进行仿真试验和结果分析,计算相关系数,对输出结果进行评价。

4.3.2.2 基于多因子层次分析法的模型因子初始权值确定

这里采用多因子层次分析法来建立各因子间的相互关系,并将分析求解得到的组合权重值作为所建模糊神经网络模型各影响因子的初始权值输入,进而确立生态与环境需水量的模糊神经网络模型。

多因子层次分析法(Analytical Hierarchy Process, AHP)于1973年由美国著名运筹学家Saaty T. L. 提出,它是一种有效处理不易定量化变量的多准则决策方法,提供了一种将问题层次化、数量化、条理化的思维模式,在处理少数据、多目标、无结构特征的复杂问题上优势明显。

AHP 的基本原理与分析步骤如下:

(1)根据问题和要达成的目标,把复杂问题的各种因素划分成相互联系的有序层次建立递阶层次结构模型,多分为目标层、准则层、指标层和评价层。

(2)根据客观现实进行判断,给每一层次元素两两间的相对重要性以相应的定量表示,从而构造出判断矩阵。常用 Saaty T. L. 的1~9 标度法对各层因子按影响上层因子的重要程度,在1~9 之间的整数及其倒数间赋值,从而得到判断矩阵,标度值含义见表4-1。

需要指出的是,2、4、6、8、1/2、1/4、1/6、1/8 这些取值所代表的重要性界于以上数据之间。

(3)为避免其他因素对判断矩阵的干扰,需对判断矩阵进行一致性检验,按下式计算:

$$CR = CI/RI \tag{4-34}$$

$$CI = (\lambda_{max} - n)/(n - 1) \tag{4-35}$$

式中:CR 为一致性比例;CI 为一致性指标,按式(4-35)计算;RI 为随机一致性指标,可查表 4-2 确定;λ_{max} 为判断矩阵的最大特征根;n 为成对比较因子的个数。

表 4-1 标度值含义

标度值	含义	标度值	含义
1	前者与后者相比,两者同样重要	1/3	前者与后者相比,前者稍微次要
3	前者与后者相比,前者稍微重要	1/5	前者与后者相比,前者明显次要
5	前者与后者相比,前者明显重要	1/7	前者与后者相比,前者强烈次要
7	前者与后者相比,前者强烈重要	1/9	前者与后者相比,前者极端次要
9	前者与后者相比,前者极端重要		

表 4-2 随机一致性指标 RI 值

矩阵阶数	RI	矩阵阶数	RI	矩阵阶数	RI
1	0	6	1.26	11	1.52
2	0	7	1.36	12	1.54
3	0.52	8	1.41	13	1.56
4	0.89	9	1.46	14	1.58
5	1.12	10	1.49	15	1.59

当 $CR < 0.10$ 时,认为判断矩阵的一致性是可以接受的,否则应对判断矩阵作适当修正。

(4)用特定数学方法(如和法、根法、特征根法、最小二乘法等)求出各因素的相对权重值,从而确定全部要素的相对重要性次序及其对上一层的影响。具体计算方法如下:

首先,将判断矩阵中各行元素相乘得到乘积 M_i;

其次,对 M_i 计算 n 次方根 ω_i,即 $\omega_i = \sqrt[n]{M_i}$;

再次,对向量 ω_i 进行正规化处理,即 $\omega_i = \omega_i / \sum \omega_i$,可得单(总)排序权值;

最后,利用公式 $\omega_{ij}' = P_i \omega_{ij}$ 计算各指标组合权重值,其中 ω_{ij} 为单排序权值,P_i 为总排序权值。

4.3.3 程序实现

生态与环境需水量模糊神经网络模型程序实现流程图见图 4-2。本书结合流域生态与环境需水量风险的模糊、不确定性等特点,采用 Matlab 语言编制了生态与环境需水量的模糊神经网络程序。Matlab 是 Mathworks 公司开发的一种集计算、分析、图形可视化、编辑和动态仿真功能于一体的功能强大、操作简便、易于扩充的语言,是目前国际上公认的优秀的数学应用软件之一。Matlab 系统的强大功能是由其核心内容(语言系统、开发环境、图形系统、数学函数库、应用程序接口等)和辅助工具箱(符号计算、图像处理、优化、统计和控制等工具箱)两大部分构成,被广泛应用于数学建模等方面,本次分析所采用的神经网络模型就是 Matlab 系统神经网络工具箱中很成熟的一个应用模块。

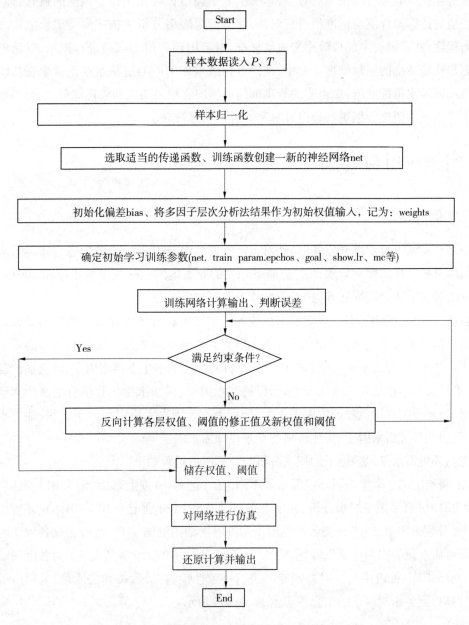

图 4-2 生态与环境需水量模糊神经网络模型程序实现流程图

4.4　生态与环境需水量模型拟合偏差风险分析

联合运行调度下的梯级水库群,其对生态与环境需水量的影响程度较大,同时对其生态与环境需水量进行建模拟合的难度更大,模型结果的可靠性分析尤为主要。为了更直观地反映所建模型的拟合与预测有效性,本书引入了模型拟合结果偏差风险的概念,即:将所建模型的计算拟合值与标准值进行对比,并借助风险率分析来描述模型拟合值偏离标准值的程度,并通过设定的风险率警戒值标准,对超出预警值的风险进行提示,以保障河流生态与环境系统的正常发展。其中,维持各梯级水库下游河道枯水期正常生态功能的生态与环境需水量标准值,应由有关管理部门根据国家相关法规和管理规范,结合梯级水库群下泄流量的历史数据进行理论计算和综合分析进行确定。

4.5　实例应用与分析

4.5.1　实例应用

这里结合黄河上游水电开发实际,针对黄河上游梯级开发下的流域生态与环境需水量进行风险分析。样本序列取黄河上游梯级开发的龙头电站——龙羊峡水电站2007～2009年的枯水期(11月～次年6月)的月均生态与环境需水量。

根据前面分析,影响生态与环境需水量的各因子按生态与环境需水量两类因子分别考虑。结合黄河上游水电梯级运行实际,所建模型共考虑9个主要的生态与环境需水量影响因子。其中,生态需水量风险影响因子5个,即:河流基本生态需水因子、河流输沙需水因子、维护天然植被生长需水因子、水土保持需水因子、保护水生生物栖息地及产卵洄游需水因子;环境需水量风险影响因子4个,分别为改善用水水质需水因子、回补地下水需水因子、协调环境需水因子、美化环境与景观设计需水因子。

生态与环境需水量风险因子的层次分析与计算赋值过程如下:

首先,将选定的9个生态与环境需水量影响因子(记为A)按生态层(记为B1)与环境层(记为B2))进行多因子层次分析,其中生态层因子5个(分别记为B11～B15)、环境层因子4个(分别记为B21～B24),各影响因子递阶层次结构见图4-3。然后根据各因子对生态与环境需水量的作用重要程度,借助Saaty T. L.的1～9标度法及表4-1对各因子赋值,得出判断矩阵,见表4-3;再对判断矩阵进行一致性检验;最后按和法原理,采用所编制程序计算得到各影响因子的组合权重值,如表4-4所示。

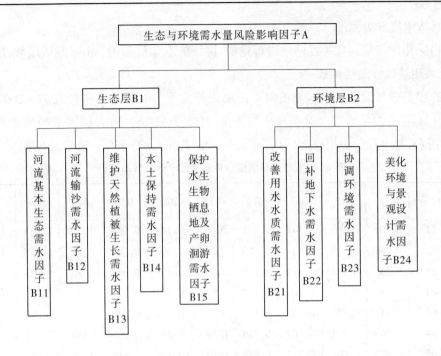

图 4-3 生态与环境需水量影响因子递阶层次结构

表 4-3 生态与环境需水量影响因子各层指标相对重要性判断矩阵

生态与环境需水量层			生态层						环境层				
A	B1	B2	B1	B11	B12	B13	B14	B15	B2	B21	B22	B23	B24
B1	1	1	B11	1	4	3	2	5	B21	1	3	5	6
B2	1	1	B12	1/4	1	1/3	1/4	2	B22	1/3	1	3	4
			B13	1/3	3	1	1/2	3	B23	1/5	1/3	1	2
			B14	1/2	4	2	1	4	B24	1/6	1/4	1/2	1
			B15	1/5	1/2	1/3	1/4	1					

表 4-4 生态与环境需水量影响因子组合权重值

生态与环境需水量层		生态层		环境层	
A	组合权重	B1	组合权重	B2	组合权重
B1	0.666 7	B11	0.273 8	B21	0.187 4
B2	0.333 3	B12	0.055 7	B22	0.086 0
		B13	0.114 0	B23	0.036 8
		B14	0.183 0	B24	0.023 1
		B15	0.040 3		

在通过层次分析法获得生态与环境需水量各影响因子的权重赋值后,即可建立 FNN

模型,具体建模方法为:

(1)采用的三层模糊神经网络进行建模,网络的隐含层采用 tansig 激活函数,输出层神经元采用纯线性激活函数。

(2)模型学习训练。样本取黄河上游梯级开发龙头电站龙羊峡在 2007～2009 年间枯水期(11 月～次年 6 月)的逐月平均流量,样本个数 16。输入层因子的样本数据如表 4-5 所示,并进行归一化处理:$[P_n, \text{mean}P, \text{stdp}, T_n, \text{mean}T, \text{stdt}] = \text{prestd}(P, T)$。

表 4-5　生态与环境需水量影响因子分析样本资料

时间(年-月)	B11	B12	B13	B14	B15	B21	B22	B23	B24	A
2007-11	0.305	0.049	0.112	0.168	0.033	0.164	0.066	0.019	0.013	1.218
2007-12	0.289	0.058	0.118	0.186	0.014	0.190	0.084	0.022	0.018	1.312
2008-01	0.283	0.055	0.127	0.198	0.042	0.199	0.082	0.024	0.023	1.347
2008-02	0.343	0.059	0.129	0.198	0.037	0.203	0.075	0.025	0.025	1.320
2008-03	0.316	0.059	0.123	0.192	0.037	0.192	0.075	0.027	0.016	1.264
2008-04	0.348	0.071	0.167	0.266	0.046	0.285	0.090	0.040	0.021	1.739
2008-05	0.479	0.097	0.193	0.288	0.053	0.348	0.114	0.050	0.044	2.073
2008-06	0.489	0.116	0.225	0.336	0.073	0.402	0.156	0.059	0.035	2.364
2008-11	0.248	0.059	0.120	0.178	0.036	0.202	0.074	0.030	0.023	1.172
2008-12	0.303	0.055	0.114	0.168	0.043	0.188	0.075	0.030	0.019	1.083
2009-01	0.317	0.078	0.153	0.225	0.058	0.252	0.100	0.038	0.031	1.415
2009-02	0.299	0.073	0.144	0.227	0.062	0.251	0.104	0.029	0.019	1.385
2009-03	0.309	0.063	0.154	0.225	0.028	0.259	0.109	0.042	0.021	1.398
2009-04	0.487	0.113	0.264	0.395	0.057	0.438	0.191	0.075	0.040	2.353
2009-05	0.573	0.127	0.267	0.406	0.061	0.446	0.201	0.078	0.035	2.360
2009-06	0.498	0.111	0.236	0.368	0.063	0.386	0.161	0.075	0.037	2.130

(3)建立网络,确定各训练参数。定义参数及数值如下:

最大训练轮回次数:1 000 次(net. trainParam. epochs = 1 000);

训练控制精度:1×10^{-3}(net. trainParam. goal = 1e − 3);

限时训练迭代过程:50 轮回显示一次结果(net. trainParam. show = 50);

训练学习速度:0.05(net. trainParam. lr = 0.05);

动量系数:0.9(net. trainParam. mc = 0.9)。

(4)初始化输入层到隐含层、隐含层到输出层的网络阈值,记为:inputbias = net. b{1}、ayerbias = net. b{2}。

(5)给输入层到隐含层、隐含层到输出层的网络权值赋初始值,即采用表 4-4 的最终计算结果作为模糊神经网络模型的初始权值输入。

（6）进行模糊神经网络训练。

（7）进行仿真计算并求出均方误差值。

（8）进行还原计算。

（9）绘制成果比较图。

（10）输出（保存）成果。

（11）利用观测数据与输出结果，计算拟合生态与环境需水量和标准值的偏差风险率。

4.5.2　结果对比与分析

根据本书建立的基于 AHP 的模糊神经网络模型，针对黄河上游梯级开发的生态与环境需水量拟合编制了 Matlab 程序，并进行了实测数据的建模拟合。同时，还对相同样本进行了常规 BP 网络模型拟合计算，以便于对基于 AHP 的模糊神经网络模型程序计算结果进行对比分析。

两类模型的拟合结果及其精度指标（复相关系数 R，其值越接近 1，说明拟合精度越高）统计见表 4-6，图 4-4、图 4-5 为两类模型的拟合精度分析（以同一时间的生态与环境需水量月流量实测值为横坐标、以模型拟合值为纵坐标绘制散点图，各点分布越接近直线 $y = x$，则拟合精度越高）。维持龙羊峡下游河段区域在枯水期的正常生态功能和发展所需的生态与环境需水量标准值统计见表 4-7，表 4-8 统计了生态与环境需水量拟合结果偏离标准值的风险率。

表 4-6　两种模型的拟合结果统计　　　　　　（单位：$\times 10^8\ \mathrm{m}^3$）

时间 （年-月）	生态与环境需水量的实测值	BP 网络模型拟合值	基于 AHP 的模糊神经网络模型拟合值	时间 （年-月）	生态与环境需水量的实测值	BP 网络模型拟合值	基于 AHP 的模糊神经网络模型拟合值
2007-11	1.218	1.223	1.211	2008-12	1.083	1.104	1.097
2007-12	1.312	1.318	1.325	2009-01	1.415	1.380	1.388
2008-01	1.347	1.356	1.365	2009-02	1.385	1.580	1.414
2008-02	1.320	1.316	1.323	2009-03	1.398	1.394	1.392
2008-03	1.264	1.262	1.239	2009-04	2.353	2.359	2.353
2008-04	1.739	1.543	1.733	2009-05	2.360	2.335	2.371
2008-05	2.073	2.107	2.077	2009-06	2.130	2.121	2.132
2008-06	2.364	2.355	2.346	复相关系数 R		0.987 8	0.999 5
2008-11	1.172	1.180	1.163				

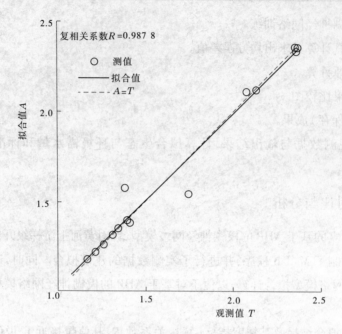

图 4-4　BP 网络模型拟合精度分析　（单位：$\times 10^8$ m^3）

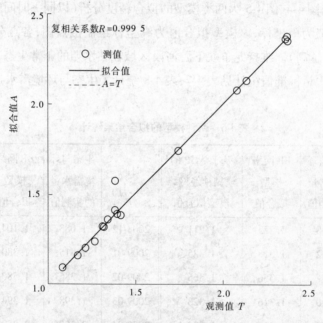

图4-5　基于 AHP 的模糊神经网络模型拟合精度分析　（单位：$\times 10^8$ m^3）

表 4-7　龙羊峡下游河道枯水期生态与环境需水量标准值　（单位：$\times 10^8$ m^3）

时间（月份）	11 月	12 月	1 月	2 月	3 月	4 月	5 月	6 月
生态与环境需水量标准值	2.880	1.800	1.845	1.830	2.475	3.300	5.400	5.085

表 4-8　基于 AHP 的模糊神经网络模型拟合结果偏离标准值的风险率

时间(年-月)	模型拟合值 ($\times 10^8$ m³)	风险率(%)	时间(年-月)	模型拟合值 ($\times 10^8$ m³)	风险率(%)
2007-11	1.211	57.94	2008-11	1.163	59.63
2007-12	1.325	26.37	2008-12	1.097	39.04
2008-01	1.365	26.04	2009-01	1.388	24.76
2008-02	1.323	27.73	2009-02	1.414	22.75
2008-03	1.239	49.94	2009-03	1.392	43.75
2008-04	1.733	47.50	2009-04	2.353	28.70
2008-05	2.077	61.54	2009-05	2.371	56.09
2008-06	2.346	53.86	2009-06	2.132	58.07

通过对图 4-4、图 4-5 和表 4-6、表 4-8 的综合对比分析可知：

(1)基于 AHP 的模糊神经网络模型,其拟合复相关系数为 0.999 5,而 BP 神经网络模型拟合复相关系数为 0.987 8。虽然两种方法都有很好的拟合精度,但可以明显看出,基于 AHP 的模糊神经网络模型具有更好的收敛速度和更高的预测精度,能够更好地逼近原函数曲线,达到满意的拟合和预测效果,故该模型更加合理可行。

(2)根据对河段枯水期实际运行中的生态与环境需水量风险进行的估算,用风险影响因子综合作用下的风险率表示拟合值偏离标准值的程度。由表 4-8 可知,与维持龙羊峡下游河道区域枯水期正常生态功能的月生态与环境需水量标准值相比,所建模型对生态与环境需水量的拟合结果在 2007 ~ 2009 两年的枯水期时段内,其偏离标准值的风险值介于 22.75% ~ 61.54%,其中,2007 年 11 月、2008 年 5 ~ 6 月、2008 年 11 月、2009 年 5 ~ 6 月的风险率大于风险率的预设警戒值标准 50%,故龙羊峡下游河段在上述时间段内存在一定程度的生态与环境需水量风险。

4.6　小　结

流域梯级开发下的生态与环境需水量风险问题影响因素众多,对其进行拟合预测相对较为复杂,且难度较大。本章在合理划分与明确生态与环境需水量概念及生态与环境需水量风险影响因子的基础上,主要针对流域梯级开发下的生态与环境需水量风险及其拟合预测问题进行了分析研究,其主要内容和成果如下:

(1)对生态与环境需水量的概念进行了合理的划分,并在此基础上,结合黄河流域梯级开发的实际,明确了生态与环境需水量的主要风险影响因子。

(2)针对以往生态与环境需水量分析中存在的因重复计算所致的冗余和因孤立计算

所致的不合理,提出了一种考虑多因子间相互作用的方法,据此建立了生态与环境需水量各风险影响因子间的相互联系,并利用在非线性逼近拟合与模糊信息处理上占优势的模糊神经网络理论对流域梯级开发过程中的生态与环境需水量进行建模分析,将 AHP 法的各指标组合权重值作为模糊神经网络模型中影响因子的初始权值输入,合理消除了神经网络模型中系统对输入层因子随机赋初始权值的影响,在此基础上,利用 Matlab 语言编制程序实现了对基于 AHP 法的生态与环境需水量模糊神经网络模型的具体实施。

(3)进行了工程实例计算与应用分析。利用所编制的基于 AHP 法的模糊神经网络模型程序,对黄河上游流域梯级开发下龙羊峡下游河段枯水期的生态与环境需水量及其风险率进行了计算分析,并利用复相关系数对模型拟合精度进行了检验。结果表明,基于 AHP 法构建的模糊神经网络模型用于生态与环境需水量及其风险的拟合与预测是合理可行的,优于常规 BP 网络模型。

5　梯级开发的泥沙淤积风险与入库沙量 PLSR 模型研究

　　泥沙淤积和冲淤平衡问题是水库工程开发建设中必然要面临的问题,也是在整个工程规划、设计、施工和运行管理中,必须通过试验、研究等各种科学手段加以妥善解决的关键技术难题。黄河属多沙河流,对来沙量进行合理预测并保证足够的输沙用水是满足河道水流挟沙入海的基本条件,否则泥沙就可能在河道淤积,造成河床抬升,加剧洪灾威胁。正因为如此,长期以来有关研究人员均十分重视黄河的泥沙淤积风险分析和泥沙淤积量、入库沙量、输沙需水量拟合与预测等问题。

　　与单个水库相比,流域梯级开发模式下,河道水流受到各级水库蓄水及其下泄水量的影响,水库泥沙淤积的风险更大,冲淤关系也更加复杂。某级水库建成后,从其初次蓄水开始,就在上游的库区,尤其是近坝库区开始了泥沙淤积,推移质泥沙受大坝阻拦,在库区逐渐堆积,悬移质泥沙则会因为水流流速降低而逐渐沉积;如果排沙设施设计不当,还可能造成水库蓄水运行后的严重淤积;而在某级水库的下游,受水库蓄水的经济效益驱使,可能造成水库下泄流量远低于下游河道的输沙需水量,从而带来泥沙淤积风险。因此,针对梯级开发模式下的泥沙淤积风险及入库来沙量、冲淤平衡等问题进行研究,具有十分重要的意义。

　　研究梯级水库群中某级水库的泥沙淤积风险及其下游河道的冲淤平衡问题,不仅要考虑上游水库的来水来沙条件和本级水库自身调度运行方式的影响,同时应考虑梯级水库群的开发次序、上游水库运行方式、下游水库回水等方面的影响。只有这样,才能正确认识和把握梯级水库的调度运行与泥沙淤积之间的关系,从而为枢纽规划设计、工程布置、水库联合调度、优化泥沙配置、延长水库使用寿命提供可靠的技术支撑,以便更好地发挥流域梯级开发的综合效益。

　　本章在对流域梯级开发的泥沙淤积风险进行系统分析的基础上,主要针对梯级开发水库群中的入库沙量拟合模型进行研究。考虑到影响水库来沙量的各种影响因子之间存在一定的线性相关性(即多重共线性),常规的最小二乘法回归分析方法精度将受到模型因子间的多重共线性影响,因此拟采用偏最小二乘法回归(PLSR)分析方法建立梯级水库的入库沙量拟合模型,以合理分析水库来沙量与其影响因子之间的复杂因果关系,并利用 Matlab 语言编制相应的 PLSR 建模分析程序。最后将所建模型用于对黄河上游梯级开发水库群中某水库的来沙量拟合与预测,并将其成果与常规最小二乘法回归模型结果进行对比,以分析所建 PLSR 模型的有效适用性。

5.1 流域梯级开发的泥沙淤积风险分析

由于人类活动及气候变化等因素的影响,近几十年来黄河水沙情况发生了较大变化,水资源短缺矛盾更加突出,泥沙淤积灾害的威胁日趋严重。黄河干流泥沙淤积对整个流域产生着深刻的影响,主要表现在:上游宁蒙河道的泥沙淤积导致河道过流能力降低,防洪防凌形势严峻;中游龙潼河道淤积及潼关高程上升对支流渭河的防洪产生不利影响,三门峡水库、小浪底水库淤积导致水库防洪兴利库容损失;下游河道淤积及分布不合理导致防洪防凌形势严峻等。

防洪是黄河治理开发的首要任务,黄河泥沙的处理好坏又是防洪成败的关键。黄河干流上修建的梯级水库是整个流域防洪体系中非常重要的组成部分,在防洪要求越来越高的条件下,利用水库滞洪错峰已成为黄河防洪调度的关键手段。因此,水库库容大小是表征防洪安全的重要指标之一,泥沙配置方案的制订必须重视维持重点水库的库容,尽可能将泥沙淤积降至最小。

5.1.1 梯级开发模式下泥沙淤积的影响因素分析

流域梯级开发模式下,水库群的泥沙淤积受到上游植被、地形、地质、来水、来沙、泥沙粒径、河道形态、大坝排沙设施设计的合理性、社会经济发展等各种因素的影响,如果对其不能合理认识,将带来水库有效库容被淤、防洪标准降低、生态与环境恶化等严重后果。因此,有必要首先对流域梯级开发模式下泥沙淤积的各种影响因素进行系统分析,只有这样,才能科学分析和有效防范泥沙淤积风险。

5.1.1.1 影响泥沙淤积的自然因素

(1)气象条件。不同的地区,其气象条件差别较大。在雨水较多、强暴雨密集的地区,水土流失往往比较严重,河道泥沙淤积也往往比较严重。气候温和、湿润的地区,往往植被葱郁,水土流失不严重,则泥沙淤积的可能性相对要小。

(2)植被条件。达到一定郁闭度的林草植被有保护土壤不被侵蚀的作用;植被郁闭度越低,水土保持能力就越差,其水土流失的可能性也就越大,从而导致河道径流泥沙含量大,发生泥沙淤积的可能性也越大。

(3)地形条件。地形起伏越大,地面坡度越陡,地表径流的流速就越快,对土壤的冲刷侵蚀作用就越强。同时,坡面越长,汇集地表径流越多,冲刷破坏力也越强,其导致水土流失和泥沙淤积的可能性越大。

(4)地质条件。流域区内的地质条件往往也是影响产沙的重要因素。除植被条件外,地表沉积层的土质状况与颗粒结构也是决定水土流失的内在因素。地质条件优良,水土流失量小,导致河道或水库泥沙淤积的可能性也小。

(5)来水来沙条件。当出现高含沙、小洪水的水沙条件时,由于对输沙不利,往往产生泥沙淤积。

5.1.1.2 影响泥沙淤积的工程因素

(1)大坝拦蓄影响。流域梯级开发建成串珠式的水库大坝群,在很大程度上改变了原河道的水流条件与水力条件,推移质泥沙一般会沉积在库底;同时河道水流速度降低,也推进了悬移质泥沙的沉积;再加上试验研究不足、输沙建筑物设计不合理等因素影响,则很有可能造成水库及梯级库群间的河道淤积。

(2)工程施工影响。各梯级水库枢纽的主体工程开挖、砂石料场开采、弃渣、场地平整和道路修建等施工活动,将大面积扰动施工区地表土壤,破坏原有地貌和植被,从而导致水土流失加剧。

(3)梯级水库蓄水影响。各级水库蓄水后,水位抬高、水面扩大,两岸地下水位相应上升,因而出现浸没、湿陷、沼泽化、盐渍化等,造成水文地质和工程地质条件改变,从而影响库岸的稳定,在局部河段或库段可能引起库岸坍塌、滑坡或地面塌陷等,使大量泥沙在库区堆积。

5.1.1.3 影响泥沙淤积的社会与经济因素

社会经济发展过程中,对河道水资源的不合理引用可能导致基流缺失、河道断流或河道水流低于输沙需水量要求,这些均是导致泥沙淤积的重要原因。1978 年以来,随着黄河流域社会经济的不断发展,各省(区)工农业用水对黄河水资源的需求量越来越大,供需矛盾十分突出。目前,黄河下游的引黄取水工程已达 120 余座,引水能力远远超过黄河可能的供水能力。据 20 世纪 90 年代初统计,沿黄各省(区)引用的黄河水量达到 270 × 10^8 m³,占黄河水资源总量的 70% 以上,几乎快把黄河"掏空";同时,由于水价低和节水意识缺乏,工农业生产中普遍存在着较为严重的用水浪费现象。因此,加强对黄河水资源的科学利用与管理,确保河道生态基流和输沙水流,是防止泥沙淤积的重要手段。

5.1.2 梯级开发模式下的泥沙淤积风险

泥沙淤积可能直接影响到梯级开发工程综合效益的发挥。综合分析认为,流域梯级开发的泥沙淤积风险主要体现在以下多个方面。

5.1.2.1 生态与环境风险

(1)耕地面积减少。随着泥沙清淤工作的开展,泥沙占地面积不断增大,使可耕种土地面积减少。

(2)土壤沙化、肥力降低。淤积泥沙主要成分为细砂、粉砂和粉土,黏性颗粒很少,具备风沙和土壤沙化的先导因素。若输沉沙区土壤黏性颗粒少,每逢大雨和大风就会使土壤表层随风吹或水冲而流失,使土壤质地变粗,渗透性强,漏水漏肥,有机质含量少,土壤肥力低下。

(3)空气质量恶化。泥沙的清淤使得堆沙之间加高并不断拓宽;由于沙粒粗、密实性差,遇到风天,会出现飞沙卷落,致使植被被埋,农作物死亡。这种沙尘天气会严重污染空气质量,破坏生态与环境。

5.1.2.2 工程效益风险

梯级水库的兴建,阻断了原天然河道,导致河道的流态发生变化,进而引发整条河流上下游和河口的水文特征发生改变,造成河流形态的多级非连续化。由于水库的拦沙作用影响到河流的冲淤与输沙,破坏了原有河流的输沙平衡,使上游和支流来沙大部分被拦于各梯级水库内;淤积的泥沙将使防洪库容和兴利库容减小,影响水库的使用寿命,缩短水库运用年限,最终影响水库综合效益的发挥。

5.1.2.3 加剧洪灾风险

洪水期间,泥沙在河道的冲淤情况直接影响河道水位。泥沙淤积将抬高洪水水位,使同流量下水位超出河道承受能力的概率及超高高度双双增加。由于洪灾损失的大小与淹没水深紧密相关,因而河道泥沙淤积会加剧蓄滞洪区的洪灾损失。因此,泥沙淤积对洪灾风险评估的影响很大,在洪水调度模拟和洪灾评估中考虑泥沙淤积是客观必要的。

5.1.2.4 其他风险

除上述各种风险外,泥沙淤积还可能导致诸多其他风险,如:水库回水末端泥沙淤积可使航运发生困难,码头淤坏,航道淤浅或淤堵,甚至造成翻船事故;坝前泥沙淤积对枢纽建筑物及水轮机的磨损,会在一定程度上影响枢纽的安全运行;水库下泄清水对下游河道冲刷和变形的影响;水库末端淤积上延,增加上游淹没损失;附着在泥沙上的污染物对水库水质的影响等。

5.2 梯级水库入库沙量的偏最小二乘法回归模型

在水库的入库沙量建模分析中,目前广泛采用的各种多元回归分析方法(如逐步回归法等)均建立在模型各因子之间不存在密切的相关关系的假定基础上。而实际情况则是,在影响水库来沙量的气象、工程、社会经济等诸多影响因子之间,往往存在不同程度的相关性,这种现象也被称为因子间的多重共线性或多重相关性。

受各种复杂不确定性因素影响,使得在对水库来沙量的统计回归分析中,其不同自变量因子之间的相关性程度往往难以准确判断,其多重相关性问题相当复杂,存在不同程度的不确定性。而常规的最小二乘法回归分析无法有效克服模型各因子之间的多重相关性及有关不确定性因素的影响,因而即便所建常规统计回归分析模型的复相关系数 R 等精度指标较高,也只能代表模型对实测数据本身的拟合精度还可以,并不表明所建模型在对各自变量因子的影响作用分析方面真正有效,若直接采用其模型结果进行水库或河道输沙运行管理,将可能承担较大的风险。

为此,本书针对目前常用最小二乘法回归无法克服因子变量间多重相关性及其不确定性影响的不足,借鉴偏最小二乘法建模思想,提出以多重相关性干扰消除和数据内涵分析有机结合的水库来沙量偏最小二乘法回归(Partial Least Squares Regression Analysis, PLSR)分析方法,以实现对梯级开发模式下水库来沙量的模型拟合与预测。PLSR 分析是从应用领域中提出的一种新型多元数据分析方法,主要适用于多因变量或单一因变量对多自变量的回归建模分析,它可以有效地解决许多用普通多元回归无法解决的问题,诸如克服变量多重相关性在系统建模中的不良作用及在样本容量小于变量个数的情况下进行回归建模等,而且 PLSR 还可以将回归建模、主成分分析及典型相关分析的基本功能有机地结合起来,在一个算法下,同时实现回归建模、数据结构简化和两组变量间的相关分析。

5.2.1　因子多重相关性对模型精度的影响分析

多元回归分析是目前国内外数据处理与分析中应用最为广泛的统计分析方法,它是处理随机变量之间相关关系的一种有效手段;由于采用最小二乘法(Least-squares Method)进行回归方程的参数估计,因此也称为最小二乘回归法。但是,由于自变量因子之间往往存在某种复杂相关关系,即多重相关性,这会造成最小二乘法参数估计的效果不稳定,且回归系数的估计方差将随着自变量之间相关程度的增强而迅速增大,从而回归精度也大大降低;有时甚至出现回归系数符号与工程实际相反的情况。

对于一组因变量 $Y = \{y_1, y_2, \cdots, y_p\}$ 和自变量 $X = \{x_1, x_2, \cdots, x_m\}$,当它们满足高斯-马尔科夫条件假设,则有 Y 的最佳估计量 $\hat{Y} = XB = X(X'X)^{-1}X'Y$,其中 $X'X$ 必须为可逆矩阵。然而,当 X 中不同自变量因子之间存在较密切的相关关系(即多重相关性)时,$X'X$ 为奇异性矩阵或接近奇异,这时如果仍然采用常规最小二乘法进行无偏估计拟合,则会使回归系数 B 的估计量极不合理。实际上,最小二乘回归法是建立在自变量因子之间不存在密切的相关关系的假定基础上,而实际工程情况往往与该假定不符,在自变量因子之间或多或少存在着一定的多重相关性,它会导致回归分析的正则方程组出现病态,从而使最小二乘法的参数估计不稳定,回归拟合效果也因此大大降低,以其模型结果进行预测,将会产生严重的偏差。

此外,受梯级开发所在流域的气象、水文、地形、地质、材料、坝体结构、社会经济、运行管理等各种因素的影响,根据实测数据资料建立的回归分析模型,其自变量因子之间的相互关联程度往往难以准确判断和确定,存在很大程度的不确定性,它将直接影响所建模型的因子变量选择与确定,也会在一定程度上影响模型因子的分离结果,从而导致回归结果偏离实际;或者尽管所建模型的精度指标(如复相关系数 R)较高,但各影响因子之间的相关系数却较高,模型分离出的各自变量因子无法对拟合的因变量变化作出合理的物理成因解释。正因为如此,十分有必要探求新的建模分析方法,以有效消除自变量因子多重相关性及其不确定性对模型精度的影响,从而提高所建模型的精度和有效适用性。

5.2.2　偏最小二乘法回归建模原理

长期以来,在处理因子多重相关性问题时,往往是沿着先进行多重相关性检验,然后剔除部分多重相关变量这一思路进行的。但对于如何检验变量之间的多重相关性,至今仍然没有切实可靠的方法和准则;同时,剔除部分多重相关变量,常会导致分析模型较为严重的解释误差,甚至产生错误的结论。

为了消除自变量因子之间的多重相关性,Hoerl A. E. 在 1962 年提出了直接降低回归系数均方误差的岭回归(Ridge Regression)分析方法。该方法是一种修正的最小二乘法,它通过在正则方程中引入一个偏倚系数 $c(c \geq 0)$,从而找到一个有偏估计量,使其回归系数的标准差小于最小二乘估计,因而精度优于最小二乘的估计量。在自变量高度相关时,岭回归的估计量是稳定有效的。但是岭回归方法中对于偏倚系数 c 的最优值选择完全是凭借经验判断的,而无一般规律可循,这种可操作性差的弱点使得岭回归分析未能得到广泛的应用。

1965 年,W. F. Massy 提出了主成分回归(Principal Component Regression,简称 PCR)分析方法,其具体做法是:先对含 p 个变量的解释变量系统 X 的信息进行重新调整组合,从中提取 m 个($m < p$)彼此完全无关的综合变量 $F_1, F_2, \cdots, F_m$(称为主成分);这 m 个综合变量能最多地概括原始数据中的信息,而对多重相关信息和无解释意义的干扰信息进行了有效剔除;然后将综合后的新变量作为解释变量,再进行因变量(系统)Y 的回归分析。也就是说,主成分分析可以在力保数据信息损失最小的原则下,对高维(p 维)变量空间进行降维处理,从而生成 m 维主超平面,因而一定程度上消除原变量系统的多重相关性。然而,由于主成分分析中的自变量综合过程是完全独立于因变量而进行的,完全没有考虑自变量对因变量的解释作用,因此所提取的主成分对因变量的解释作用就可能并不佳,也就增加了模型的不可靠性。

不过,主成分分析中有关信息提取的思想是非常有价值和值得借鉴的,即怎样找到一组互不相关的变量,它们一方面能最大限度地概括原来自变量系统中的数据信息,另一方面又能对因变量具有最大的解释能力。而 S. Wold 和 C. Albano 在 1983 年提出的 PLSR 就可以很好地实现这一分析意图。

PLSR 是一种多因变量或单因变量对多自变量的偏回归建模方法,它吸取了主成分回归分析中从解释变量提取信息的思想,同时注意了主成分回归中所忽略的自变量对因变量的解释问题,可以在比主成分回归少用因子的情况下达到最小的均方误差,而其计算量比主成分回归和岭回归都小。

5.2.2.1 建模思路

设有 p 个因变量 $\{y_k, k = 1, 2, \cdots, p\}$ 和 m 个自变量 $\{x_j, j = 1, 2, \cdots, m\}$。为了研究因变量与自变量之间的关系,假设观测了 n 个样本点,由此分别构成了自变量和因变量的数据矩阵 $X_{n \times m} = [x_1, x_2, \cdots, x_m]_{n \times m}$ 和 $Y_{n \times p} = [y_1, y_2, \cdots, y_p]_{n \times p}$。这里,记 $x_j \in R^n (j = 1, 2, \cdots, m)$ 是 n 个样本点在第 j 个自变量上的取值向量;同样,$y_k \in R^n (k = 1, 2, \cdots, p)$ 是 n 个样本点在第 k 个因变量上的取值向量。

在建模分析前,首先应对数据进行中心化——压缩标准化处理。记对自变量数据矩阵 $X_{n \times m}$ 和因变量数据矩阵 $Y_{n \times m}$ 分别进行标准化处理后的数据矩阵为 E_0 和 F_0。这样,PLSR 分析将采用迭代算法,在一个满意的精度下,建立这 m 个自变量与 p 个因变量的 PLSR 方程。

首先,在自变量系统 X 中提取一个主成分 t_1(t_1 是 $x_1, x_2, \cdots, x_m$ 的线性组合),同时在因变量系统 Y 中提取一个主成分 u_1(u_1 是 $y_1, y_2, \cdots, y_p$ 的线性组合)。在提取这两个主成分时,PLSR 分析有以下两个基本要求:

(1)t_1 和 u_1 应尽可能大地提取它们各自原变量系统中的变异信息;

(2)t_1 和 u_1 的相关程度能达到最大。

满足了上述要求后,t_1 和 u_1 能尽可能地综合和反映其原变量系统信息,同时自变量主成分 t_1 对因变量主成分 u_1 具有最大的解释能力。

然后,分别进行 X 对 t_1 的回归及 Y 对 t_1 的回归。如果回归方程达到既定的满意精度,则迭代算法终止;否则,继续利用 X 被 t_1 解释后的残余信息及 Y 被 t_1 解释后的残余信息进行第二轮的主成分提取,然后进行回归。如此往复,直到达到满意的精度。

若最终对 X 提取了 A 个主成分 $t_1,t_2,\cdots,t_A$,则通过进行 y_k 对 $t_1,t_2,\cdots,t_A$ 的回归,最后表达成 y_k 关于原变量 x_j 的回归方程,其中,$k=1,2,\cdots,p,j=1,2,\cdots,m$。

5.2.2.2　建模步骤

首先,对原始数据进行中心化——压缩标准化处理,记对自变量系统 X 和因变量系统 Y 进行标准化处理后的数据矩阵分别为 $E_0=(E_{01},E_{02},\cdots,E_{0m})_{n\times m}$ 和 $F_0=(F_{01},F_{02},\cdots,F_{0p})_{n\times p}$。然后分别按以下步骤进行计算。

第一步,记 t_1 是 E_0 的第一个主成分,$t_1=E_0w_1$;其中,w_1 是 E_0 的第一个轴,为单位向量,即 $\|w_1\|=1$。记 u_1 是 F_0 的第一个主成分,$u_1=F_0c_1$;其中,c_1 是 F_0 的第一个轴,为单位向量,即 $\|c_1\|=1$。

为了使主成分 t_1 和 u_1 能携带其各自原始数据系统的最大变异信息,同时又使它们的相关程度达到尽可能大,则根据主成分分析原理和典型相关分析原理,应有下式取最大值,即

$$\mathrm{cov}(t_1,u_1)=\sqrt{Var(t_1)Var(u_1)}\,r(t_1,u_1)\Rightarrow\max \tag{5-1}$$

式中:$\mathrm{cov}(*,*)$ 为协方差算子;$Var(*)$ 为方差算子;$r(t_1,u_1)$ 为主成分 t_1 和 u_1 的相关系数。

对于 t_1 和 u_1,有 $\mathrm{cov}(t_1,u_1)\leqslant t_1,u_1\geqslant w_1'E_0'F_0c_1$。因此,式(5-1)实际上是在 $\|w_1\|=1$ 和 $\|c_1\|=1$ 的约束条件下,求 $w_1'E_0'F_0c_1$ 的最大值的优化问题。采用 Lagrange(拉格朗日)乘积算法,记

$$S=w_1'E_0'F_0c-\lambda_1(w_1'w_1-1)-\lambda_2(c_1'c_1-1)$$

对 S 分别求关于 w_1、c_1、λ_1、λ_2 的偏导,并令其为零,有:

$$\frac{\partial S}{\partial w_1}=E_0'F_0c_1-2\lambda_1w_1=0 \tag{5-2}$$

$$\frac{\partial S}{\partial c_1}=F_0'E_0w_1-2\lambda_2c_1=0 \tag{5-3}$$

$$\frac{\partial S}{\partial\lambda_1}=-(w_1'w_1-1)=0 \tag{5-4}$$

$$\frac{\partial S}{\partial\lambda_2}=-(c_1'c_1-1)=0 \tag{5-5}$$

由式(5-2)~式(5-5),可以推导出 $2\lambda_1=2\lambda_2=w_1'E_0'F_0c_1=\langle t_1,u_1\rangle$。

记 $2\lambda_1=2\lambda_2=\theta_1=w_1'E_0'F_0c_1$,由式(5-2)和式(5-3),可以得到:

$$E_0'F_0c_1=\theta_1w_1 \tag{5-6}$$

$$F_0'E_0w_1=\theta_1c_1 \tag{5-7}$$

将式(5-7)代入式(5-6),有:

$$E_0'F_0F_0'E_0w_1=\theta_1^2w_1$$

同理,可得:

$$F_0'E_0E_0'F_0c_1=\theta_1^2c_1$$

由于 θ_1 是优化问题的目标函数值，它要求取最大值，所以 w_1 是对应于矩阵 $E_0'F_0F_0'E_0$ 最大特征值 θ_1^2 的单位特征向量；同样，c_1 是对应于矩阵 $F_0'E_0E_0'F_0$ 最大特征值 θ_1^2 的单位特征向量。

求得第一主轴 w_1 和 c_1 后，即可得到第一主成分如下：

$$t_1 = E_0w_1 \tag{5-8}$$

$$u_1 = F_0c_1 \tag{5-9}$$

然后，分别求 E_0、F_0 对自变量、因变量第一主成分 t_1 及 u_1 的回归方程：

$$E_0 = t_1p_1' + E_1 \tag{5-10}$$

$$F_0 = u_1q_1' + F_1^* \tag{5-11}$$

$$F_0 = t_1r_1' + F_1 \tag{5-12}$$

式中：E_1、F_1^*、F_1 为三个回归方程的残差矩阵；p_1、q_1、r_1 为回归系数向量，且

$$p_1 = \frac{E_0't_1}{\parallel t_1 \parallel^2} \tag{5-13}$$

$$q_1 = \frac{F_0'u_1}{\parallel u_1 \parallel^2} \tag{5-14}$$

$$r_1 = \frac{F_0't_1}{\parallel t_1 \parallel^2} \tag{5-15}$$

第二步，用残差矩阵 E_1 和 F_1 取代 E_0 和 F_0，然后求第二个轴 w_2 和 c_2，以及第二主成分 t_2 和 u_2，有：

$$t_2 = E_1w_2$$

$$u_2 = F_1c_2$$

$$\theta_2 = <t_2, u_2> = w_2'E_1'F_1c_2$$

其中，w_2 是对应于矩阵 $E_1'F_1F_1'E_1$ 最大特征值 θ_2^2 的特征向量；同样，c_2 是对应于矩阵 $F_1'E_1E_1'F_1$ 最大特征值 θ_2^2 的特征向量。计算回归系数

$$p_2 = \frac{E_1't_2}{\parallel t_2 \parallel^2}$$

$$r_2 = \frac{F_1't_2}{\parallel t_2 \parallel^2}$$

因此，有回归方程为：

$$E_1 = t_2p_2' + E_2$$

$$F_1 = t_2r_2' + F_2$$

按照上述方法逐步计算。最后，如果对应于矩阵 E_0 的秩是 A，则有：

$$E_0 = t_1p_1' + t_2p_2' + \cdots + t_Ap_A' \tag{5-16}$$

$$F_0 = t_1r_1' + t_2r_2' + \cdots + t_Ar_A' + F_A \tag{5-17}$$

式(5-17)就是利用 PLSR 所建立的模型。由于 $t_1, t_2, \cdots, t_A$ 均可以表示为 $E_{01}, E_{02}, \cdots, E_{0m}$ 的线性组合，因此可以将式(5-17)还原成 $y_k^* = F_{0k}$ 关于 $x_j^* = E_{0j}$ 的回归方程形式，即：

$$y_k^* = a_{k1}x_1^* + a_{k2}x_2^* + \cdots + a_{km}x_m^* + F_{Ak} \quad (k = 1, 2, \cdots, p) \tag{5-18}$$

式中：F_{Ak} 为残差矩阵 F_A 的第 k 列。

5.2.2.3 交叉有效性检验

PLSR 分析并不需要选用全部的成分 $t_1, t_2, \cdots, t_A$ 进行建模，而可以通过截尾的方式选择前 m 个成分（$m < A, A$ 为矩阵 X 的秩），即可以得到一个拟合精度和预测性能均较好的模型。对于如何确定 PLSR 建模中所需提取成分的个数，可以通过交叉有效性方法来确定。

对于因变量的原始数据 y_i，记 $\hat{y}_{hi}$ 是使用全部样本点并取 $t_1 \sim t_h$ 个成分回归建模后，第 i 个样本点的拟合值，则 y_i 的预测误差平方和可记为：

$$SS_h = \sum_{i=1}^{n} (y_i - \hat{y}_{hi})^2 \tag{5-19}$$

记 $\hat{y}_{h(-i)}$ 是在建模时删去样本点 i，取 $t_1 \sim t_h$ 个成分回归建模后，再用此模型计算 y_i 的拟合值。记 y_i 的预测误差平方和为：

$$PRESS_h = \sum_{i=1}^{n} (y_i - \hat{y}_{h(-i)})^2 \tag{5-20}$$

如果回归方程的误差较大，则 $PRESS_h$ 对样本点的变动就十分敏感，其值就会增大。因此，当 $PRESS_h$ 达到最小值时，此时的 h 即为所求的成分个数。

一般情况下，总有 $PRESS_h$ 大于 SS_h，而 SS_h 则总是小于 SS_{h-1}。因此，在提取主成分时，总希望比值（$PRESS_h / SS_{h-1}$）越小越好；通常可以设定限制值为 0.05，则有 $PRESS_h / SS_{h-1} \leqslant (1 - 0.05)^2 = 0.95^2$。

对于每一个因变量 y_k，定义

$$Q_{hk}^2 = 1 - \frac{PRESS_{hk}}{SS_{(h-1)k}}$$

则对于全部因变量 Y，定义成分 t_h 的交叉有效性为：

$$Q_h^2 = 1 - \frac{\sum_{k=1}^{p} PRESS_{hk}}{\sum_{k=1}^{p} SS_{(h-1)k}} = 1 - \frac{PRESS_h}{SS_{(h-1)}} \quad (k = 1, 2, \cdots, p) \tag{5-21}$$

交叉有效性方法可通过以下两个尺度来测量成分 t_h 对模型精度的边际贡献：

（1）当 $Q_h^2 \geqslant (1 - 0.95^2) = 0.097\,5$ 时，t_h 成分的边际贡献是显著的。

（2）对于 $k = 1, 2, \cdots, p$，至少有一个 k，使得 $Q_h^2 \geqslant 0.097\,5$。

这时，增加成分 t_h 至少使 y_k 的模型精度得到显著的改善，因此增加成分 t_h 是有益的。

5.2.3　梯级开发模式下的水库来沙量 PLSR 模型

一定条件下的河道水流，其挟带悬移质泥沙的能力具有一定限度，即存在一个临界数量，该临界数量就是水流挟沙能力 S_0。当水流中含沙量 $S = S_0$ 时，为饱和输沙，河流处于水沙平衡，河床相对稳定；当 $S > S_0$ 时，水流处于超饱和状态，河床将发生淤积；反之，当

$S < S_0$ 时,水流处于次饱和状态,水流将向床面层寻求补给,河床将发生冲刷。河道水流可以通过淤积或冲刷,使悬移质含量恢复临界数值,达到不冲不淤的新平衡状态。

鉴于流域梯级开发模式下水库泥沙淤积的复杂性,以及对某级水库的来沙量进行拟合预测必须考虑其上游梯级水库来水来沙、下游梯级水库回水作用等综合影响的特殊性,本书拟在借鉴偏最小二乘法回归建模思想建立梯级水库来沙量的 PLSR 模型的基础上,提出以入库沙量偏回归建模与数据信息内涵分析有机结合的 PLSR 建模预测综合分析方法,在有效建立消除模型因子间多重相关性干扰的 PLSR 模型的同时,实现梯级开发模式下各模型因子对入库沙量影响作用的分析。

5.2.3.1 模型的建立

这里主要利用偏最小二乘法回归对入库沙量一个因变量进行建模分析,因此所建模型可称为单因变量偏回归模型。

记因变量为 $y \in R^n$,自变量集合为 $\boldsymbol{X} = [x_1, x_2, \cdots, x_m]$, $x_j \in R^n$。记 $\boldsymbol{E}_0$ 是自变量集合 $\boldsymbol{X}$ 的标准化矩阵;而记 $\boldsymbol{F}_0$ 是因变量 y 的标准化变量,有:

$$F_{0i} = \frac{y_i - \bar{y}}{s_y} \quad (i = 1, 2, \cdots, n)$$

式中:$\bar{y}$ 为 y 的均值;s_y 为 y 的标准差。

第一步,已知单位向量 $\boldsymbol{F}_0$、$\boldsymbol{E}_0$,对于单因变量 $\boldsymbol{y}$,其成分 $\boldsymbol{u}_1 = \boldsymbol{F}_0$。这时有:

$$w_1 = \frac{E_0' F_0}{\| E_0' F_0 \|} = \frac{1}{\sqrt{\sum_{j=1}^{m} r^2(x_j, y)}} \begin{bmatrix} r(x_1, y) \\ \vdots \\ r(x_m, y) \end{bmatrix} \tag{5-22}$$

$$t_1 = E_0 w_1 = \frac{1}{\sqrt{\sum_{j=1}^{m} r^2(x_j, y)}} \left[r(x_1, y) E_{01} + \cdots + r(x_m, y) E_{0m} \right] \tag{5-23}$$

式中:$r(x_j, y)$ 为简单相关系数。

式(5-22)、式(5-23)表明,如果自变量 x_j 与因变量 y 的相关程度越强,则在 t_1 成分中 $x_j^* = E_{0j}$ 的组合系数就越大。

这样,目标函数的优化值为:

$$\theta_1 = \| E_0' F_0 \| = \sqrt{\sum_{j=1}^{m} r^2(x_j, y)}$$

分别求 E_0、F_0 在 t_1 上的回归,即

$$\boldsymbol{E}_0 = t_1 p_1' + \boldsymbol{E}_1 \tag{5-24}$$

$$\boldsymbol{F}_0 = t_1 r_1' + \boldsymbol{F}_1 \tag{5-25}$$

式中:$\boldsymbol{E}_1$、$\boldsymbol{F}_1$ 为回归方程的残差矩阵;p_1、r_1 为回归系数,且 r_1 为标量,它们的求法见式(5-13)和式(5-15)。

第二步,用 $\boldsymbol{E}_1$ 和 $\boldsymbol{F}_1$ 分别取代 $\boldsymbol{E}_0$ 和 $\boldsymbol{F}_0$,重复第一步的工作,实行 $\boldsymbol{E}_1$ 和 $\boldsymbol{F}_1$ 在 t_2 上的回归,并求得回归系数 p_2 和 r_2。

依此类推,进行偏最小二乘法回归的第三步,第四步……

第 h 步,根据模型精度的交叉有效性检验结果,设最终提取了 h 个成分 $t_1, t_2, \cdots, t_h$,这时有:

$$w_h = \frac{E'_{h-1}F_0}{\| E'_{h-1}F_0 \|}, t_h = E_{h-1}w_h, p_h = \frac{E'_{h-1}t_h}{\| t_h \|^2}, E_h = E_{h-1} - t_h p'_h$$

实施 F_0 在 $t_1, t_2, \cdots, t_h$ 上的回归,得:

$$\hat{F}_0 = r_1 t_1 + r_2 t_2 + \cdots + r_h t_h$$

由于 $t_1, t_2, \cdots, t_h$ 均为 E_0 的线性组合,即 $t_h = E_{h-1}w_h = E_0 w_h^*$,所以有:

$$\hat{F}_0 = r_1 E_0 w_1^* + \cdots + r_h E_0 w_h^* = E_0 \left[\sum_{k=1}^{h} r_k w_k^* \right] \tag{5-26}$$

记 $y^* = F_0, x_j^* = E_{0j}$,并记 $a_j = \sum_{k=1}^{h} r_k w_{kj}^* (j=1,2,\cdots,m)$ 为 x_j^* 的回归系数,则有:

$$\hat{y}^* = a_1 x_1^* + a_2 x_2^* + \cdots + a_m x_m^* \tag{5-27}$$

式(5-27)即为流域梯级开发模式下某级水库入库沙量的 PLSR 模型表达式,其中,$\hat{y}^*$ 为入库沙量拟合值(因变量),$x_j^* (j=1,2,\cdots,m)$ 为影响入库沙量的各种影响因子(自变量)。

5.2.3.2 数据内涵分析

在建立了 PLSR 模型后,还可以通过一些辅助分析方法,对梯级开发模式下的入库沙量数据信息进行内涵挖掘与分析,如因子间的多重相关性分析、样本点分布结构的降维考察、模型精度分析、自变量因子对因变量作用的重要性考察等。

1)因子间的多重相关性分析

在典型相关分析中,最直观的方法是在提取自变量集合 X 的典型成分 F_1 和因变量集合 Y 的典型成分 G_1 后,绘制以 F_1 为横坐标、以 G_1 为纵坐标的 F_1/G_1 平面图,在图上以 $(F_1(i), G_1(i))$ 为坐标点,绘出每一个样本点的位置。如果所有样本点在图中的排列近似于一条直线,则说明 X 与 Y 之间存在较强的相关关系。

由于 PLSR 建模分析中,自变量的成分 t_1 和因变量的成分 u_1 明显具备典型成分的特征,因此可以类似地绘制 t_1/u_1 平面图,在图上标出每一个样本点 $(t_1(i), u_1(i))$ 的位置。对平面图进行分析,如果 t_1 与 u_1 之间存在相关关系,则说明构成 X 与 Y 集合的各个变量之间存在显著的多重相关性关系,说明这时采用偏最小二乘回归方法建立各影响因子之间的拟合模型才是较为合理的。

当然,这种判断不同变量集合之间相关关系的方法,并不仅仅局限于自变量和因变量之间的相关性分析;同样,也可以利用上述方法对不同变量集合(如雨量因子集合与径流量因子集合,上下游库水位因子集合与泄流量因子集合等)之间的多重相关性进行分析。

2)对样本点分布结构的降维考察

借用主成分分析的方法,在保证入库沙量数据信息损失最小的前提下,对高维数据系统进行降维处理,当原来的 p 维数据系统被降至二维时,可以在二维平面图上绘制出所有样本点的位置,从而可以直接观察 p 维空间样本点间的相似结构。从建立 PLSR 模型时对成分的提取过程看,t_h 虽然不是主成分分析中的主成分,但它却带有很明显的主成分特征,例如 t_1,它在能最大程度解释 Y 的同时,又尽可能多地反映 X 中的变异信息。因此,在建立 PLSR 模型后,可以直接利用所提取的成分 t_1 和 t_2,作 t_1/t_2 平面图,并在该图上以 $(t_1(i),t_2(i))$ 作为样本点 i 的坐标点,绘出所有样本点的位置,从而分析样本点在高维空间的分布特征和相似性结构。

3)模型精度分析

在 PLSR 建模分析中,对自变量 X 所提取的主成分 $t_1,t_2,\cdots,t_m$ 一方面能尽可能多地代表 X 中的变化信息,另一方面又尽可能与因变量 Y 相关联,以解释 Y 中的变化信息。因此,可以通过评价所建模型中主成分 $t_1,t_2,\cdots,t_m$ 对 X 和 Y 的解释能力来判断模型精度的高低。其中:

$t_1,t_2,\cdots,t_m$ 对 X 的累计解释能力为:

$$R_X^2 = \sum_{h=1}^{m} \left[\frac{1}{p} \sum_{j=1}^{p} r^2(x_j,t_h) \right] \tag{5-28}$$

$t_1,t_2,\cdots,t_m$ 对 Y 的累计解释能力为:

$$R_Y^2 = \sum_{h=1}^{m} \left[\frac{1}{q} \sum_{k=1}^{q} r^2(y_k,t_h) \right] \tag{5-29}$$

R_X^2 和 R_Y^2 均小于等于1,其值越高(越接近1),表明对自变量 X 所提取的主成分 $t_1,t_2,\cdots,t_m$ 对 X 和 Y 的解释能力越强,因而所建模型的精度越高。

4)自变量因子对因变量作用的重要性分析

自变量因子对因变量的解释能力越强,其重要性越大。从 PLSR 建模过程可知,某一模型因子 x_j 对观测变量 Y 的解释是通过主成分 t_h 来传递的。若 t_h 对 Y 的解释能力很强,而 x_j 在构造 t_h 时又起到了相当重要的作用,则 x_j 对 Y 的解释能力就很大。x_j 在解释 Y 时的重要性程度可以用变量投影重要性指标 VIP_j(Variable Importance in Projection, VIP)来测度,即:

$$VIP_j = \sqrt{\frac{p}{Rd(Y;t_1,\cdots,t_m)} \sum_{h=1}^{m} Rd(Y;t_h) w_{hj}^2} \tag{5-30}$$

式中:w_{hj} 为轴 w_h 的第 j 个分量,它被用来测量 x_j 对构造 t_h 成分时的边际贡献;$Rd(Y;t_h)$ 为 t_h 对 Y 的解释能力,$Rd(Y;t_h) = \frac{1}{q} \sum_{k=1}^{q} Rd(y_k;t_h)$;$Rd(y_k;t_h)$ 为 t_h 对某因变量 y_k 的解释能力,$Rd(y_k;t_h) = r^2(y_k,t_h)$,$r$ 为相关系数;$Rd(Y;t_1,\cdots,t_m)$ 为 $t_1,\cdots,t_m$ 对 Y 的累计解释能力,$Rd(Y;t_1,\cdots,t_m) = \sum_{h=1}^{m} Rd(Y;t_h)$。

对全部因子变量 $x_j(j=1,2,\cdots,m)$,有 $\sum_{j=1}^{m} VIP_j^2 = m$。因此,如果每个 x_j 在解释 Y 时的作用都相同,则所有 VIP_j 均等于1;否则,对于 VIP_j 很大(>1)的 x_j,它在解释观测变量 Y 时就有更加重要的作用。

根据上述有关 PLSR 建模的原理与具体方法步骤,利用 Matlab 语言编制了梯级开发模式下的入库沙量偏最小二乘法回归分析程序,程序结构框图见图5-1。

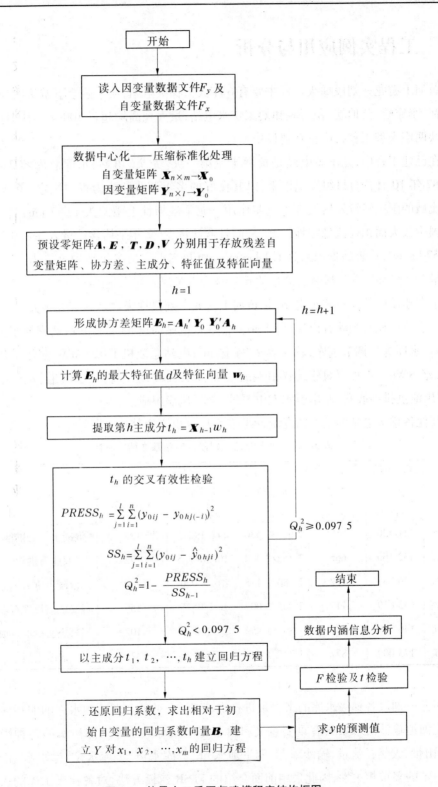

图 5-1　偏最小二乘回归建模程序结构框图

5.3 工程实例应用与分析

黄河上游龙—刘段梯级开发主要有6座大型梯级电站,从上游至下游依次为龙羊峡、拉西瓦、李家峡、公伯峡、积石峡和刘家峡水电站,最大坝高均超过100 m。其中拉西瓦和积石峡两座大型工程目前正在建设中。

在已建工程中,龙羊峡电站是黄河干流第一级"龙头"电站,水库总库容274亿 m^3。自1987年10月首台机组发电以来,以其良好的多年调节性能为青、甘、宁、蒙、陕乃至黄河全流域的国民经济发展发挥了重要作用。龙羊峡坝址上距源头1 687 km,其控制流域是我国少数大面积径流稳定地区之一,而且含沙量少,多年平均含沙量入库站唐乃亥断面为0.57 kg/m^3,代表站贵德站为1.1 kg/m^3。唐乃亥水文站多年平均流量为673 m^3/s,年径流量212亿 m^3,占兰州断面流量的63.5%,占黄河入海水量的37%。

正在建设中的积石峡水电站,是黄河上游龙—刘段梯级规划的第五座大型梯级电站,坝址位于黄河积石峡峡谷出口处,上距公伯峡水电站河道55 km,下距刘家峡水电站河道93 km。水库为日调节水库,总库容2.94亿 m^3,电站总装机1 020 MW,多年平均发电量33.63亿 KWh。工程枢纽建筑物由混凝土面板堆石坝、左岸表孔溢洪道、左岸中孔泄洪洞、左岸泄洪排沙底孔、左岸引水发电系统、坝后厂房组成。

其他各梯级电站的基本情况统计见表5-1,这里不再赘述。

表5-1 黄河上游龙—刘段水电站基本情况统计

水电站名称	控制流域面积（km^2）	多年平均流量（m^3/s）	正常蓄水位/死水位（m）	总库容/调节库容（$\times 10^8$ m^3）	装机（$\times 10^4$ kW）	坝型	坝高（m）
龙羊峡	131 420	650	2 600/2 530	247/193.5	128	混凝土重力拱坝	178
拉西瓦	132 160	666	2 452/2 440	10.56/1.5	372	双曲薄拱坝	250
李家峡	136 747	662	2 180/2 178	16.5/0.6	200	混凝土重力坝	165
公伯峡	143 619	717	2 005/2 002	6.2/0.75	150	混凝土面板堆石坝	127
积石峡	146 749	717	1 856/1 852	2.94/0.45	102	混凝土面板堆石坝	100
刘家峡	173 000	877	1 735/1 694	57/41.5	122.5	混凝土坝	147

对龙—刘段各梯级水库的来沙量进行准确拟合,对于合理预测水库的泥沙淤积和科学确定河道输沙需水量具有重要意义。由于影响某梯级水库入库沙量的各种影响因子(如降雨量、天然径流量、输沙率、上库下泄水量、上库水位、下库水位、库水水温等)之间存在一定的多重相关性,因此采用前面介绍的PLSR建模方法,对各梯级水库的入库泥沙量进行拟合分析。

5.3.1　因子选择与 PLSR 模型建立

对于龙—刘段各梯级水电站,其水库入沙量主要受各自两方面因素的影响:一是其上游梯级水库下泄水流的挟沙量,二是其自身控制流域面积内的径流产沙来沙。通常情况下,梯级龙头水库(这里为龙羊峡)的入库泥沙主要受其控制流域面积内的径流产沙影响;而对于龙头水库下游的其他各梯级水库,其入库泥沙量除主要受自身控制流域内的径流产沙影响外,同时在一定程度上受到龙头水库及其上一梯级水库蓄水拦沙和下泄流量的影响。不过,对于某梯级水库来说,上游梯级水库的下泄水流对其入库泥沙量的影响相对有限,且这种影响主要集中在汛期,这是因为,上游库容较大的梯级水库,其含沙量较高的弃水主要发生在汛期泄洪,而在枯水期的下泄流量往往不大,且一般是以发电尾水形式下泄为主,其含沙量与汛期泄洪水流相比往往很小。此外,下游梯级水库蓄水对其上游一级水库的入沙量影响也一般不大,尤其对于经过合理设计计算的下库回水,通常对其上库的入库沙量影响甚微,通常可以不予考虑。

综上分析,影响某级水库入库泥沙量的因素主要有:控制流域面积内的降雨量、径流量、上库水位或其下泄流量、下库回水位或本级水库的下泄流量、天然河道径流量、库水水温、输沙率等。因此,梯级开发模式下某级水库的入库沙量 PLSR 模型主要由径流因子分量 P_J、输沙率因子分量 P_S、降雨因子分量 P_Y、水位因子分量 P_H、水温因子分量 P_T、泄水量因子分量 P_X 和常数项 a_0 等项组成,即

$$P = P_J + P_S + P_Y + P_H + P_T + P_X + a_0 \tag{5-31}$$

将式(5-31)写成式(5-27)的形式,即得到黄河上游龙—刘段梯级开发模式下某级水库入库沙量的 PLSR 模型表达式:

$$\hat{y}^* = a_1 x_1^* + a_2 x_2^* + \cdots + a_j x_j^* + a_0 \tag{5-32}$$

式中:$\hat{y}^*$ 为入库沙量拟合值;x_j^* 为影响入库沙量的各种影响因子;a_j 为相应于各 x_j^* 的回归系数;j 为入库沙量的影响变量因子个数,应结合各级水库的实际状况进行选择,对于不同时间段、不同位置的梯级水库,其模型因子选择可能不同。

5.3.2　PLSR 模型拟合结果

结合各水库具体状况选择适当的模型因子,根据式(5-31)和式(5-32),分别对龙—刘段各大型梯级电站的每月平均入库沙量建立 PLSR 模型。考虑到梯级"龙头"龙羊峡水库下闸蓄水将对下游河道及各库泥沙运移产生较大影响,故这里选择的建模时段序列起始时间为 1982 年 1 月,整个序列涵盖了龙羊峡水库蓄水初期库水位逐渐升高至正常蓄水位以上的重要阶段,从而能更好地分析龙羊峡蓄水对下游水库入库泥沙量的影响。

表 5-2 对所建的龙—刘段各梯级水库入库沙量 PLSR 模型的计算参数、精度指标等进行了统计;图 5-2 ~ 图 5-7 为龙羊峡、拉西瓦、李家峡、公伯峡、积石峡和刘家峡各水库的入

库沙量 PLSR 模型拟合图。

表 5-2　黄河上游龙—刘段各梯级水库入库沙量 PLSR 模型拟合结果统计

水电站名称	PLSR 模型拟合参数					拟合精度
	模型入选的主成分个数 h	主成分对 X 的累计解释能力 R_X^2	主成分对 Y 的累计解释能力 R_Y^2	累计交叉有效性		
				设定限制值	交叉有效性 Q_h^2	
龙羊峡	2	0.832	0.896	0.05	0.885	一般
拉西瓦	3	0.920	0.974	0.05	0.963	高
李家峡	3	0.923	0.979	0.05	0.970	高
公伯峡	4	0.961	0.995	0.05	0.994	高
积石峡	5	0.962	0.995	0.05	0.991	高
刘家峡	6	0.962	0.995	0.05	0.991	高

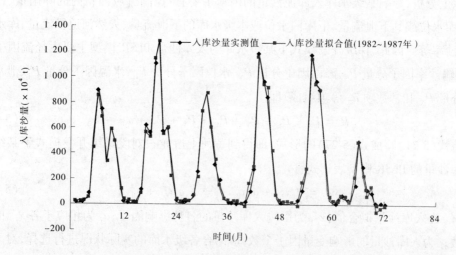

图 5-2　龙羊峡入库沙量 PLSR 模型拟合图

分析表 5-2、图 5-2 ~ 图 5-7 可知:

(1)针对龙—刘段各梯级水库所建的入库沙量 PLSR 模型,其因子选择合理,模型拟合精度高,能较好地反映各影响因子对水库入库沙量的影响作用。

(2)所拟合的各水库月均入库沙量序列,其前 60 个月的入库沙量均较大;而在第 60 个月以后(对应于 1987 年),由于受到龙头水库龙羊峡(2006 年底)下闸蓄水的影响,各水库的入库沙量明显减少,反映了龙头水库蓄水对梯级开发河道泥沙运移具有重要影响。

(3)各水库入库沙量在每年汛期较大,而在枯水季节则明显降低,具有显著的周期性变化特点,符合产沙输沙的一般规律。

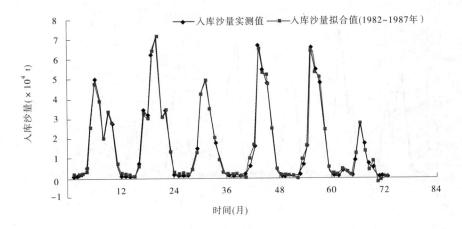

图 5-3　拉西瓦入库沙量 PLSR 模型拟合图

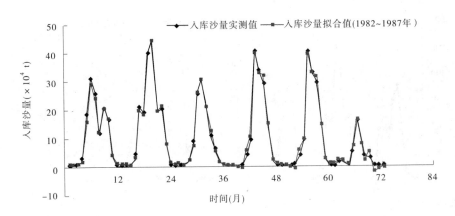

图 5-4　李家峡入库沙量 PLSR 模型拟合图

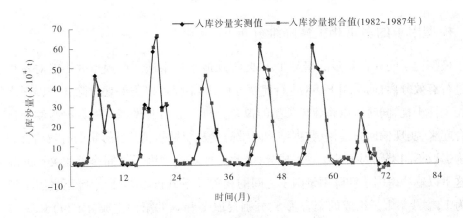

图 5-5　公伯峡入库沙量 PLSR 模型拟合图

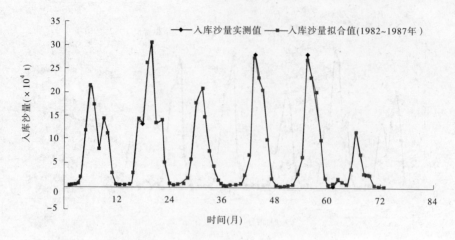

图 5-6　积石峡入库沙量 PLSR 模型拟合图

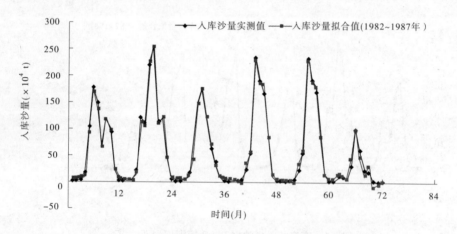

图 5-7　刘家峡入库沙量 PLSR 模型拟合图

5.3.3　模型因子的多重相关性降维分析

由于模型因子间存在着多重相关性,因此常规最小二乘法回归模型并不能对各种模型因子进行有效分离;而采用 PLSR 进行建模分析,则不仅可以很好地排除各类因子之间的多重相关性干扰,同时可以将建模类型的拟合分析方法与非模型式的数据内涵分析有机地结合起来,实现偏回归建模、数据结构降维简化及变量间相关性分析的有效结合。

分别提取不同类别因子的第一主成分,借此实现对模型因子之间多重相关性的降维分析。这里以输沙率因子和降雨量因子之间的相关关系分析为例,假定降雨量因子组成的集合为 Y,输沙率因子组成的集合为 S,分别提取 Y 和 S 的第一主成分 $t_1(i)$ 和 $u_1(i)$。由交叉有效性检验结果显示,$t_1(i)$ 对降雨量因子集合 H 中数据变化情况的解释能力达到 96.2%,$u_1(i)$ 对输沙率因子集合 S 的数据变化情况的解释能力为 85.3%。由于 $t_1(i)$ 和 $u_1(i)$ 在很大程度上表达了它们各自原变量集合 Y 和 S 所包含的数据内涵信息,因此通过

分析 Y 和 S 的第一主成分 $t_1(i)$ 和 $u_1(i)$ 之间的关系,即可在二维平面上较为直观地考察两类不同因子之间的相关关系。

为此,分别以同一测次的 $t_1(i)$ 和 $u_1(i)$ 为横坐标与纵坐标,从而绘制了降雨量因子和输沙率因子的第一主成分 $(t_1(i),u_1(i))$ 分布图,并对其分布趋势进行了拟合,见图 5-8。由图 5-8 可以看出,第一主成分 $t_1(i)$ 和 $u_1(i)$ 之间大致呈线性相关变化。这表明,在影响水库入库沙量的降雨量因子和输沙率因子之间确实存在着复杂的相关性。

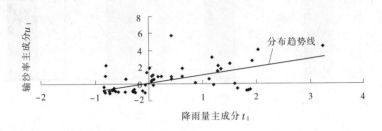

图 5-8　降雨量因子与输沙率因子第一主成分 $(t_1(i),u_1(i))$ 分布图

用同样方法对其他不同类别因子之间的相关关系进行分析,也得到了大致相似的结果。也就是说,在影响梯级水库入库沙量的各类不同因子之间,的确存在着较为显著的多重相关性。

通过对第一主成分 $t_1(i)$ 和 $u_1(i)$ 的提取,$t_1(i)$ 和 $u_1(i)$ 分别对 Y、S 的数据内涵信息具有较强的解释能力,从而可以在二维平面上直观分析集合之间的相关关系。这正是 PLSR 建模分析的优点之一。

5.3.4　模型精度分析

表 5-2 列出了黄河上游龙—刘段梯级水库入库沙量的偏回归模型拟合参数结果。从各级水库入库沙量的偏回归模型拟合结果看,黄河上游龙—刘段梯级各水库入库沙量模型拟合精度均较高。根据交叉有效性检验,各水库入库沙量模型均从因子集合 X(自变量)中提取了 $2\sim6$ 个不同的主成分 t_h,且每个模型所提取的 t_h 对 X 集合所含数据信息的累计解释能力均在 83% 以上;同时,各模型的主成分 t_h 对入库沙量集合 Y(因变量)的累计解释能力(即拟合精度)则均在 89% 以上,部分水库入库沙量甚至高达 99% 左右,拟合精度较为理想。

对交叉有效性检验结果进行分析可知,所建立的各级水库入库沙量 PLSR 模型均对入库沙量变化具有较好的拟合能力,其累计解释能力达到或接近 97% 以上,如表 5-2 中所示。

5.3.5　主成分的提取与结果分析

这里以梯级开发建设中的积石峡水电站为例,对其实测入库沙量偏回归建模过程中主成分的提取过程与结果进行分析。从图 5-9 可以较直观地看出,随着该入库沙量模型所提取主成分数目的增加,主成分对实测入库沙量 Y 的累计解释能力指标 R_Y^2 和交叉有效性指标 Q_h^2 均逐步增加,表明模型的拟合精度和预测能力也逐步增加。但当提取的主成分个数超过 3 时,R_Y^2 和 Q_h^2 的增加量已非常小,这时所增加的主成分对模型精度的边际贡献已经小于 0.009,因而对模型精度改善已经没有明显意义。

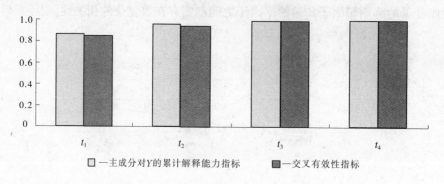

□—主成分对 Y 的累计解释能力指标　　■—交叉有效性指标

图 5-9　主成分提取及偏回归模型精度指标(积石峡)

5.3.6　模型因子的重要性分析

图 5-10 为积石峡水库入库沙量 PLSR 模型的各个因子变量的重要性指标分布图。

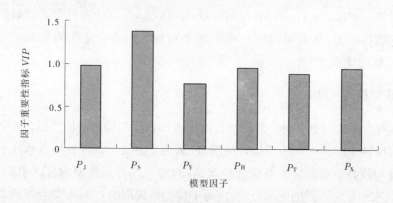

图 5-10　偏最小二乘法回归模型自变量因子的重要性指标 VIP 分布图(积石峡)

从图 5-10 中可以看出,影响入库沙量的主要因素是输沙率的变化,其模型因子 P_S 对入库沙量的影响最大;此外,径流因子 P_J、水位因子 P_H 和泄水量因子 P_X 对入库沙量的影响也相对较大;而降雨因子 P_Y 和水库水温因子 P_T 对入库沙量的影响则相对要小些。

5.3.7　模型合理性对比分析

为了对 PLSR 和常规最小二乘法回归建模的结果进行比较分析,还针对入库沙量建立了相应的逐步回归模型,其模型因子组成与 PLSR 模型一致,见式(5-31)。

对两类模型的建模参数及其拟合结果进行对比分析可知,PLSR 建模与逐步回归建模均能对入库沙量进行较好的拟合,模型复相关系数 R 均在 0.9 以上。但是,较高的复相关系数 R 并不表明模型的拟合结果就能真正反映入库沙量随各种影响因素而变化的实际状态。实际上,在基于常规最小二乘法的逐步回归模型中,由于各因子之间存在较强的多重相关性,因而其拟合模型并不能有效分离各种影响因子分量,它只在趋势性预测方面尚具有一定意义。而 PLSR 模型则在很大程度上克服了模型因子之间的多重相关性,因而其拟合模型能有效分离各种影响因子,其结果能较好地解释入库泥沙的实际变化。因此,PLSR 建模分析方法在因子变量存在多重相关性时,具有更高的拟合和预测能力。

5.4 小 结

流域梯级开发模式下,河道水流受各级水库蓄水及其下泄水量的影响,水库泥沙淤积的风险更大,冲淤关系也更加复杂。为此,本章在对流域梯级开发的泥沙淤积风险进行系统分析的基础上,主要针对梯级开发水库的入库沙量建模拟合方法进行了研究。

考虑到常规最小二乘法回归难以有效识别和消除自变量因子间的多重相关性影响,采用偏最小二乘回归方法进行建模分析,将模型拟合与非模型式的数据内涵分析有机结合,同时实现回归建模、数据结构简化及因子间的多重相关性分析,并通过交叉有效性检验来确保模型精度。

对黄河上游龙—刘段各梯级水库的入库沙量进行 PLSR 建模实例分析表明,偏最小二乘法回归能有效克服因子间的多重相关性影响,所分离出的因子变量对实测结果具有更好的物理成因解释能力,因而更具广泛适用性。

6 梯级开发的库水水温风险与时空分布拟合模型研究

水库修建,尤其是流域性的水库梯级开发建设,会在较大程度上改变原河道水流的水文与水力学条件,其中的重要影响之一就是对河流热力学状况的改变,它会使得各级水库及其下游河道的水体温度发生较大变化,这种水温分布的时空变化对于水生生物繁衍与生长、农田灌溉用水、城镇生活用水、工业用水、水库水质等都有一定的影响。

本章主要针对流域梯级开发模式下的库水水温风险及其时空分布规律进行研究,首先探讨流域梯级开发对库水水温的影响风险,在此基础上重点研究梯级开发模式下库水水温的时空分布规律及其模型拟合,从而为相关科学决策与管理提供理论依据。

6.1 流域梯级开发模式下的水库水温风险分析

梯级水库建成后,各级水库必然面临水温分布的时空变化,从而对水生生物繁衍与生长、农田灌溉、城市居民用水、工业用水、水库水质等带来一定的水温风险。

6.1.1 梯级水库水温的时空变化分析

流域梯级开发模式下,某级水库建成蓄水后,其水位大幅度抬升,库水在铅垂方向上呈现出有规律的水温分层,表现为上高下低,下层库水的温度明显低于河道状态下的水温,从而导致下泄水水温降低,并影响下游一级水库的入库水温。水温分层会进一步引起溶解氧分层、水生生物分层、化学分层和深水层水质的恶化,同时会改变下游河道水温变化规律。通常,水温的沿程变化在下游 100 km 以内都难以消除。

流域梯级开发既有单个水电工程对生态与环境的影响效应特征,又有多个水电工程影响效应的群体性、系统性、累积性、波及性和潜在性。梯级开发使各水库基本首尾衔接,这一影响将逐级传递,每一个水库的水温不仅会受到本身由于水位抬升和水量增加带来的影响,同时受上游梯级的共同作用,使下泄水的水温降低更加明显。随着干流上梯级电站数目的增加,水温的空间累积效应将会更加明显,上游库区的下泄水将可能对其下游几个库区的水温产生空间累积效应。

6.1.2 水温变化引起的水生生物风险

水温是水生生态系统最为重要的因素之一,它对水生生物的生存、新陈代谢、繁殖行为及种群的结构和分布都有不同程度的影响,并最终影响水生生态系统的物质循环和能量流动过程、结构及功能。

水库下游河道的水温受到下泄水流水温的支配影响,而水库下泄水流水温往往是夏季比天然河流低,冬季比天然河流高。水库下游河道水温的变化,相应地改变了水生生物的生存条件,导致生物群落的变异。

由于大坝阻隔河道,将原本连续的河流生态系统分割为坝上、坝下多个孤立的系统,截断水生生物的自然通道,使河道下泄水流的流速、水深、浑浊度和悬浮物质等水流系统发生变化,导致水生生物生境(生境面积、生境规模、适宜生境等)突变并产生累积效应,影响水生生物多样性,对水生生态系统造成危害。北美一项研究表明,全球估算濒于灭绝的淡水鱼达到已知种类的30%,大坝建设是淡水物种灭绝的主要原因之一。梯级大坝对水生生态系统将产生累积影响效应。

当流域梯级水电站全部建成蓄水后,流域内将形成流速缓慢的多个大型、特大型人工湖,破坏鱼类洄游通道的完整性与连续性,对流域的鱼类和数量将造成较大的影响。

(1)大坝的建成隔断鱼类的洄游通道,阻断鱼类的迁徙,造成鱼类生境的片段化,阻断鱼类种群间的基因交流,最终导致区域洄游鱼类的绝迹。

(2)水库大坝建设将改变原天然状态下的水生生态与环境,使急流浅滩的水生生境变为深水的湖库生境。区内水流变缓,使一些适应原河道生境的喜急流浅滩生境的鱼类受到影响。

(3)来自上游水库的下泄低温水对喜高温环境的鱼类也存在一定的影响。低温水影响喜高温环境鱼类的新陈代谢、繁殖行为,随着流域生境的改变,水温产生累积效应,最终影响到喜高温环境鱼类的生存状态。

(4)高坝水头下泄时,高速水流表面形成的负压,将空气中的 N_2、O_2 和 CO_2 吸入到坝下水体内,对坝下水体产生剧烈的曝气过程,使下泄水中气体呈过饱和状态。水中溶解气体的增加,会对水生生物产生重要影响,不仅会破坏水生生物原有的生存环境,而且会直接导致某些生物产生疾病。

6.1.3 水温变化引起的农田灌溉风险

农作物的产量直接受到灌溉引水水温的影响,尤其是喜温喜湿农作物,对灌溉水温很敏感。农作物最适宜在23 ℃以上的温度生长,水温过高或过低都会对农作物产量产生明显影响。据日本的实测资料,水温在23 ℃时每降低1 ℃,农作物的不穗率增加20%,至18 ℃时,不穗率为100%,水温是影响农作物产量的关键因素。

6.1.4 水温变化引起的水库水质风险

水温对水的物理、化学性质的影响比较大。水中溶解氧的含量是确定水质好坏的重要指标之一,在天然河流中水体一般含有足够的溶解氧,浓度为 5 ~ 10 mg/L。水库蓄水后,表面温水层内的浮游植物在光合作用下释放出氧气,使该层内的溶解氧浓度基本保持在近饱和状态。斜温层之下,很少发生掺混,溶解氧不能传递下来,光合作用所需的阳光也不能到达,而死亡的水生动植物沉积下来,在分解中将深水层中的氧气消耗殆尽。当水体中溶解氧含量达不到水生生物的需要时,水生生物将大量死亡,使水质严重恶化。

水温分层会引起深水层水质恶化。深水层温度低,溶解氧含量低,同时二氧化碳浓度增加,形成还原环境,引起底部沉积物分解出锰和铁,还常含有高浓度的磷酸盐、硅及二价钙盐、碳酸盐,同时水体内有机物质产生厌氧分解,释放出甲烷、硫化氢、氨等物质。此外,水库的温度分层、化学分层使水库从不同高程出流的水质有很大的差别:从分层水库表层下泄的水体,其溶解氧高,水温较高,水质较好,但营养贫乏;而从深水层下泄的水,多为含有大量离子成分、溶解氧低的低温水,使下游水质变坏,过多的营养物质将导致下游富营养化。

6.1.5　水温变化引起的城市供水风险

水温对城市供水的影响不容忽视。不同的水温,其水质处理的效果会差异极大,因此自来水厂处理天然来水时,对水温的要求十分严格。相关研究表明,采用生物接触氧化技术预处理微污染原水,当原水浊度为 50 ~ 200 NTU、氨氮浓度为 1 ~ 10 mg/L、水温为 18 ~ 30 ℃时,生化池对氨氮的去除率为 60% ~ 80%,COD_{Mn} 去除率为 0.5% ~ 25%,UV254 的去除率为 1% ~ 15%;水温低于 18 ℃时,处理效果明显降低。

6.1.6　水温变化引起的工业用水风险

工业用水是工矿企业在生产过程中用于制造、加工、冷却、空调、净化、锅炉、洗涤、产品及其他工业生产中的用水总称。在全国城市用水中,工业用水占 70% 左右,不仅所占比重大,而且用水集中,用水保证率要求高。在工业生产过程中,冷却水可以带走生产设备运转所产生的热量,保证正常生产;在纺织、电子仪表、精密机械行业,水被广泛用于生产工艺过程中。因此,工业用水要求供水水源稳定可靠,尤其是对水温的要求较为严格。一旦供水水源的水温发生变化,必将对相关的工业生产与加工产生严重影响,带来不可估量的损失。

综上分析,水温的变化会给水库库区及其下游河道的水质、水生生物的生存及工农业生产带来一系列的影响,因此研究流域梯级开发模式下的库水水温及其下游河道的温度变化特性,准确模拟和预测水库及其下游河道的水温分布规律,并加以控制,对改善环境和发展经济有着重大意义。

6.2　流域梯级开发模式下的水库水温数学模型

大坝建成蓄水后,水库垂向上呈现出有规律的水温分层,并进一步引起溶解氧分层、水生生物分层、化学分层和深水层水质的恶化,同时会改变下游河道水温变化规律,表现为春、夏季水温下降,秋、冬季水温升高。特别是多个梯级水库联合调度时,这种累积效应对全流域生态与环境的影响是非常巨大的。

与单独运行时相比,联合运行的梯级水库,其库表水温降低、库底水温升高,水温分层有所减弱,而下泄水流的水温过程延滞和均化现象进一步加强。因此,梯级电站的累积生态与环境效应显著,针对这种状况研究和建立适用于梯级开发的库水水温模型,对梯级开发水库的水温变化进行科学分析,对于有效防范和减缓水温风险具有重要意义。

分析梯级开发模式下的水温分布规律,可以分别针对河道水流和水库蓄水建立相应的水温模型。本书在针对梯级开发分别建立河道一维水温模型和库区立面二维水温模型的基础上,充分考虑到黄河泥沙含量较大的因素,提出并建立适用于黄河上游梯级开发的泥沙异重流水温模型。

6.2.1　河道一维水温数学模型

梯级水库下泄水流进入下游河道,其水温分布规律可作为一维问题来处理,把河道水流看做一维流动,温度在横断面上也视为均匀分布,只考虑沿流程方向的温度变化,从而建立河道温度场一维模型。

河流一维水温模型是建立在微分河段的水量平衡(连续性)关系和热量平衡关系基础之上的。热量平衡是指微分河段在单位时间内,由移流和离散引起的热量输送,以及水流通过其边界所获得或损失的热量与水体温度变化而产生的热量变化要保持平衡。

河道一维水温模型由河道质量守恒方程和一维温度对流扩散方程组成。对于河道恒定流,断面之间流量为常数,河道的水面曲线由伯努利方程求解:

$$A\frac{\partial T}{\partial t} + \frac{\partial(QT)}{\partial x} = \frac{\partial}{\partial x}\left(AD_L\frac{\partial T}{\partial x}\right) + \frac{B\varphi_n}{\rho C_p} \tag{6-1}$$

式中:A 为过水断面面积,m^2;Q 为流量,m^3/s;D_L 为纵向弥散系数,$D_L = \dfrac{0.011u^2B^2}{Hu^*}$;$\rho$ 为水的密度,kg/m^3;C_p 为水的比热;B 为河面宽度,m;φ_n 为水气界面热通量,W/m^2,计算方法同二维模型;$\dfrac{\partial(QT)}{\partial x}$ 为移流产生的净热变化率;$\dfrac{\partial\left(\dfrac{AD_L\partial T}{\partial x}\right)}{\partial x}$ 为离散产生的净热变化率;$\dfrac{B\varphi_n}{\rho C_p}$ 为净的表面热交换率。

对于有支流汇入的河段,考虑区间支流对河道水温的贡献,由热量平衡原理得到:

$$T_b = \frac{QT + qT_i}{Q + q} \tag{6-2}$$

式中:Q、T 为支流汇入前的干流流量和水温;q、T_i 为支流流量和水温;T_b 为支流汇入后的干流水温。

采用有限差分法离散方程,得:

$$\frac{QT_{i+1} - QT_{i-1}}{2\Delta x} = \frac{AD_{\mathrm{L}}(T_{i+1} - 2T_i + T_{i-1})}{\Delta x^2} + \frac{B\varphi_{\mathrm{n}}}{\rho C_{\mathrm{p}}} \qquad (6\text{-}3)$$

即

$$-\left(\frac{Q}{2\Delta x} + \frac{AD_{\mathrm{L}}}{\Delta x^2}\right)T_{i-1} + \frac{2AD_{\mathrm{L}}}{\Delta x^2}T_i + \left(\frac{Q}{2\Delta x} - \frac{AD_{\mathrm{L}}}{\Delta x^2}\right)T_{i+1} = \frac{B\varphi_{\mathrm{n}}}{\rho C_{\mathrm{p}}} \qquad (6\text{-}4)$$

式(6-4)的系数矩阵为三对角阵,用追赶法编程计算,其流程图见图6-1。

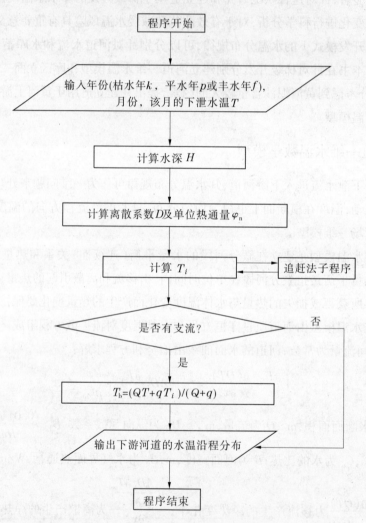

图6-1　河道一维水温模型分析流程图

6.2.2　库区立面二维水温模型

水库蓄水后,改变了原来河道的水流特性。对于窄深峡谷河道型水库,其库水较深、水面较窄,横向(水平)尺度相对较小,宽深比很小,各水力参数(流速、温度、水质等)沿垂向变化要比水平横向的变化大得多。在这种情况下,水体就可近似为垂向和纵向的二维系统,将三维问题简化为二维问题来处理。

将考虑浮力的 $k \sim \varepsilon$ 双方程模式引入描述水库水流运动中,并将水动力方程与水温方程耦合建模,求解水流、水温沿纵向和垂向的变化。

对于黄河上游河道,主要地处窄深峡谷地段,其建坝后形成的水库通常属河道型水库,水较深,但水面窄,水平横向尺度(两岸间的水面距离)相对较小,因此库水水体的宽深比很小,流速、温度、水质等水力参数沿铅垂向变化要比水平横向的变化大得多。这种情况下,就可将水体近似视为由铅垂向和纵向(上下游方向)构成的二维系统,从而将三维问题简化为二维问题来处理;对于库水水温,则可以采用宽度平均的立面二维水温模型来模拟库区的水温分布。

6.2.2.1 库水蓄热的影响因素分析

在建立水库水温的数学模型时,需要首先弄清楚影响水库水温的各种因素。

水库水体的蓄存热量主要来源于太阳辐射、大气辐射以及由于降雨、入流等所带来的热量,还有通过反射辐射、对流交换、水体增温、蒸发和出流等吸收或消耗一部分热量。库内水体吸收的热量与水库所处地理位置、水库特性、水文、气象条件等因素都有关系,如水库所处地理纬度、水库水深、盛行风级和风向、气温、云量、入流量、出流量、降雨量和入流水量与库容比等。此外,还与水体的透明度有关,而水库水体的透明度又随气候条件、降雨特性、入流、出流、水深和浮游生物的种类、组成及其数量的变化而改变。

6.2.2.2 控制方程

1)基本假定

(1)水质点横向流速对时间、空间的偏导数可以忽略不计;

(2)流动要素(如流速)在控制断面上沿横向分布足够均匀;

(3)两岸侧向摩阻力相等,两岸边壁采用无滑动条件 $u = v = w = 0$。

2)状态方程

由于垂向上的温度差异引起水体的密度差,导致水体在垂向上出现浮力流,改变流场结构,反过来又影响水温、水质的分布。对于常态水体,可忽略压力变化对密度的影响,密度与水温的关系可表示为:

$$\frac{\rho - \rho_s}{\rho_s} = -\beta(T - T_s) = -\beta \Delta T \tag{6-5}$$

式中: β 为等压膨胀系数,1/℃; ρ 为水的密度,kg/m³; T 为温度,℃; ρ_s、T_s 为参考状态下水的密度和温度。

3)水动力学方程

由于纵向尺度远大于水面宽度和深度,且认为水库两岸阻力相等,无滑移。因此,采用宽度平均水动力学模型,在直角坐标系下的方程分别为连续方程、水位方程和动量方程。

连续方程：
$$\frac{\partial(Bu)}{\partial x} + \frac{\partial(Bw)}{\partial z} = 0 \tag{6-6}$$

水位方程：
$$\frac{\partial Z}{\partial t} + \frac{1}{B}\frac{\partial}{\partial x}\left(B\int_{-h}^{z} u\,\mathrm{d}z\right) = 0 \tag{6-7}$$

动量方程：

$$\frac{\partial(Bu)}{\partial t} + \frac{\partial(Bu^2)}{\partial x} + \frac{\partial(Buw)}{\partial z} + \frac{B}{\rho}\frac{\partial p}{\partial x} = \frac{\partial}{\partial x}\left(B\mu_x\frac{\partial u}{\partial x}\right) + \frac{\partial}{\partial z}\left(B\mu_z\frac{\partial u}{\partial z}\right) \tag{6-8}$$

式中：u、w 分别为横向平均流速的 x 向、z 向分量；B 为河宽；Z 为水位，即水面至基准面的垂向距离；ρ 为水密度；p 为动水压强；μ_x、μ_z 分别为 x 向、z 向的紊动扩散系数。

4）水温模型

由于河宽变化对水面热量交换和热量向水下传递都具有一定的影响，因此代表性的水温模型为：

$$\frac{\partial}{\partial t}(BT) + u\frac{\partial}{\partial x}(BT) + w\frac{\partial}{\partial z}(BT) = \frac{\partial}{\partial x}\left(\frac{B\mu_x}{\sigma_T}\frac{\partial T}{\partial x}\right) + \frac{\partial}{\partial z}\left(\frac{B\mu_z}{\sigma_T}\frac{\partial T}{\partial z}\right) + S \tag{6-9}$$

式中：u、w 分别为横向平均流速的 x 向、z 向分量；μ_x、μ_z 分别为 x 向、z 向的紊动扩散系数；σ_T 为温度普朗特数，一般取 0.9；B 为河宽；ρ 为水的密度；S 为源汇项，水库不结冰时，水气界面的热交换是水体的主要热量来源之一，源汇项主要考虑太阳的热辐射，即：$S = \frac{1}{\rho C_p}\frac{\partial B\varphi_z}{\partial z}$，其中 C_p 为水的比热，φ_z 为穿过 z 平面的太阳辐射通量。

6.2.2.3 边界条件

1）水动力学定解条件

Ⅰ. 自由表面

有风时：
$$u_z\frac{\partial u}{\partial z} = \frac{\tau_{wx}}{\rho} \tag{6-10}$$

$$\tau_{wx} = \rho_a f_w |w| u_w \tag{6-11}$$

无风时：
$$\tau_{wx} = 0$$

式中：ρ_a 为空气密度；w 为风速；u_w 为风速在 x 向的分量。

Ⅱ. 库底

无滑移：
$$u = w = 0$$

可滑移：
$$u_z\frac{\partial u}{\partial z} = \frac{\tau_{bx}}{\rho} \tag{6-12}$$

式中：u、w 分别为横向平均流速的 x 向、z 向分量；τ_{bx} 为库底剪切应力。

Ⅲ. 上下游开边界

已知水位过程线：
$$z_\Gamma = z(x,t)_{x=\Gamma} \tag{6-13}$$

已知流速过程：
$$u_\Gamma = u(x,t)_{x=\Gamma} \tag{6-14}$$

2）初始条件

$$z(x,t)_{t=0} = 0$$
$$(u(x,t),w(x,t))_{t=0} = 0 \quad\quad\quad\quad (6\text{-}15)$$
$$T(x,t)\bigg|_{t=0} = T_0 \ (T_0 \text{ 一般取同温值})$$

3）水温边界条件和初始条件

水气界面的热交换是水体的主要热量来源，也是引起水库温度分层的主要原因。水温的水面边界条件反映水面与大气之间的热交换，可表达为：

$$\frac{\partial T}{\partial z} = -\frac{\varphi_n}{\rho C_p D_z} \quad\quad\quad\quad (6\text{-}16)$$

式中：D_z 为热扩散系数，$\mathrm{m^3/s}$；φ_n 为水体净吸收的热量，$\mathrm{W/m^2}$，主要包括辐射、蒸发和传导三部分。

通过水面进入水体的热通量 φ_n 为：

$$\varphi_n = \varphi_{sn} + \varphi_{an} - \varphi_{br} - \varphi_c - \varphi_e \quad\quad\quad\quad (6\text{-}17)$$
$$\varphi_{sn} = \varphi_s(1 - r)$$

式中：φ_{sn} 为净吸收的太阳短波辐射；r 为水面反射率，可取 0.1；φ_s 为太阳到达水面的总辐射，$\varphi_s = \begin{cases} 3.2 + 0.52ws（冬半年 11 月 ~ 次年 4 月）\\ 4.0 + 0.54ws（夏半年 5 ~ 10 月）\end{cases}$，其中 w 为天文总辐射（大气上界的太阳辐射），s 为日照百分率，进入水体的太阳辐射部分在水面被吸收，其余 $\varphi_z = (1 - \beta_1)\varphi_{sn}\exp(-\eta H)$ 按指数衰减进入水体深处，β_1 为水体表面吸收率，η 为太阳辐射在水体中的衰减系数，H 为水深；φ_{an} 为大气长波辐射，根据气温及云量观测间接计算，$\varphi_{an} = (1 - r_a)\sigma\varepsilon_a(273 + T_a)^4$，其中，$\varepsilon_a$ 为大气发射率，$\varepsilon_a = [1 - 0.261\exp(-0.74 \times 10^{-4} T_a^2)](1 + kc^2)$，$r_a$ 为长波反射率，取 0.03，σ 为 Stefan – Boltzman 常数，为 5.67×10^{-8}（$\mathrm{W/m^2 \cdot K^4}$），参数 k 与云层高度有关，均值为 0.17，T_a 为水面上 $2\ \mathrm{m}$ 处气温，c 为云层覆盖率；φ_{br} 为水体长波的返回辐射，$\varphi_{br} = \sigma\varepsilon_w(273.3 + T_s)^4$，其中，$\varepsilon_w$ 为水体的长波发射率，由于水体并非绝对黑体，ε 略小于 1，取 0.97，T_s 为水表面温度；φ_e 为水面蒸发热损失，$\varphi_e = f(w_z)(e_s - e_a)$，其中，$f(w_z)$ 为用风速表示的风函数，包括自由对流及强迫对流两者对蒸发的影响，$f(w_z) = 9.2 + 0.46w_z^2$，w_z 为水面以上 $10\ \mathrm{m}$ 的风速，e_s 为饱和蒸汽压力，e_a 为水面上空气的蒸汽压力；φ_c 为热传导通量，当水温与气温有温差时，水气界面上会通过热传导进行热交换，热传导通量正比于温差，$\varphi_c = 0.47f(w_z)(T_s - T_a)$。

进口边界给定水温，速度假定为均匀流速，k、ε 可分别由入流速度近似计算：

$$k = 0.003\,75u^2 \quad\quad\quad\quad (6\text{-}18)$$
$$\varepsilon = \frac{k^{1.5}}{0.4H_0} \qu\quad\quad\quad\quad (6\text{-}19)$$

式中:H_0 为进口处水深,m。

6.2.2.4 坐标变换

水库库底高程沿纵向是起伏不平的,再加上自由水面随时变化,因此水深不仅沿纵向呈不规则变化,并且随时间变化,致使计算趋于成为一个不规则区域,而且时刻在变化着,这就增加了求解的计算难度,同时降低了计算精度。解决这一困难的一种途径是利用坐标变化将不规则的计算区域转化为矩形区域,再在矩形区域上进行方程的求解计算。这里考虑水库的库底和自由水面的变化,采用代数变换法即只在垂向上做 σ 变换,将垂直方向坐标无量纲化,计算区域变为规则区域,如图 6-2 所示。

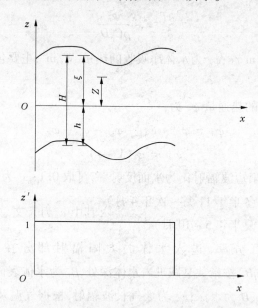

图 6-2 物理区域与坐标变换后的计算区域

令
$$z^* = \frac{Z + h}{H} = \frac{Z + h}{\xi + h} \tag{6-20}$$

当 $Z = \xi$ 时:
$$z^* = \frac{\xi + h}{\xi + h} = 1$$

当 $Z = -h$ 于河底时:
$$z^* = \frac{-h + h}{\xi + h} = 0$$

计算域变为 0→1。这样,就可以使计算连续跟踪自由表面运动,精确拟合自由面与河底边界(即河底有冲淤变形),但方程要作相应改变。

经坐标变换得水动力基本方程组如下:

连续方程:
$$\frac{\partial(Bu)}{\partial x} + \frac{\partial(Bu)}{\partial z^*}\frac{\partial z^*}{\partial x} + B\frac{\partial w}{\partial z^*}\frac{\partial z^*}{\partial z} = 0 \tag{6-21}$$

水位方程:
$$\frac{\partial Z}{\partial t} + \frac{1}{B}\frac{\partial}{\partial x}\left(BH\int_0^1 u\mathrm{d}z^*\right) = 0 \tag{6-22}$$

动量方程：

$$\frac{\partial(Bu)}{\partial t} + \frac{\partial(Bu^2)}{\partial x} + w^* \frac{\partial(Bu)}{\partial z^*} + \frac{B}{\rho}\frac{\partial p}{\partial x} = \frac{\partial}{\partial x}\left(Bu_x \frac{\partial u}{\partial x}\right) + \frac{1}{u^*}\frac{\partial}{\partial z^*}\left(Bu_z \frac{\partial u}{\partial z^*}\right) \quad (6\text{-}23)$$

而

$$P = P_0 + gH\int_{z^*}^1 \rho \mathrm{d}z^* \quad (6\text{-}24)$$

其中：

$$w^* = \frac{\partial z^*}{\partial t} + u\frac{\partial z^*}{\partial x} + w\frac{\partial z^*}{\partial z} \quad (6\text{-}25)$$

水温方程变为：

$$\frac{\partial}{\partial t}(BT) + u\frac{\partial}{\partial x}(BT) + w^*\frac{\partial}{\partial z^*}(BT) = \frac{\partial}{\partial x}\left(\frac{Bu_x}{\sigma_T}\frac{\partial T}{\partial x}\right) + \frac{1}{H^2}\frac{\partial}{\partial z^*}\left(\frac{Bu_z}{\sigma_T}\frac{\partial T}{\partial z^*}\right) + \frac{1}{\rho C_p H}\frac{\partial B\varphi_z}{\partial z^*}$$

$$(6\text{-}26)$$

边界条件也相应变换为：

（1）自由表面：

$$\frac{u_z}{H}\frac{\partial u}{\partial z^*} = \frac{\tau_{wx}}{\rho} \quad (6\text{-}27)$$

$$\frac{\partial T}{H\partial z^*} = -\frac{\varphi_n}{\rho C_p D_z} \quad (6\text{-}28)$$

（2）河底：

$$\frac{u_z}{H}\frac{\partial u}{\partial z^*} = \frac{\tau_{bx}}{\rho} \quad (6\text{-}29)$$

（3）进口边界： $\qquad z = z(x, z^*, t) \qquad (6\text{-}30)$

（4）出口边界： $\qquad u = u(x, z^*, t) \qquad (6\text{-}31)$

（5）初始条件： $\qquad (u(x,t), w(x,t))_{t=0} = 0 \qquad (6\text{-}32)$

6.2.2.5　控制方程求解

通过坐标变换，使计算区域变为规则区域，并采用交替隐式离散方程（6-26）。

第一步，在前半步，时间从 $n\Delta t \to (n+\frac{1}{2})\Delta t$，先解动量方程中的对流、扩散部分，对差分离散，二阶导数采用中心差，对流一阶导数采用差分格式。离散得：

$$\frac{(BT)_{i,j}^{n+\frac{1}{2}} - (BT)_{i,j}^n}{\frac{\Delta t}{2}} + \frac{1}{\Delta x}\left\{\frac{1-r_1}{2}\left[(uBT)_{i+1,j}^{n+\frac{1}{2}} - (uBT)_{i,j}^{n+\frac{1}{2}}\right] + \right.$$

$$\left. \frac{1+r_1}{2\Delta x}\left[(uBT)_{i,j}^{n+\frac{1}{2}} - (uBT)_{i-1,j}^{n+\frac{1}{2}}\right]\right\} +$$

$$\frac{1}{\Delta z^*}\left[\frac{1-r_2}{2}(wBT)_{i,j+1}^n - (wBT)_{i,j}^n\right] + \frac{1+r_2}{2}\left[(wBT)_{i,j}^n - (wBT)_{i,j-1}^n\right]$$

$$= \frac{v_e}{\sigma_T \Delta x} \left[\frac{(B_{i+1,j}^{n+\frac{1}{2}} + B_{i,j}^{n+\frac{1}{2}})(T_{i+1,j}^{n+\frac{1}{2}} - T_{i,j}^{n+\frac{1}{2}})}{2\Delta x} - \frac{(B_{i,j}^{n+\frac{1}{2}} + B_{i-1,j}^{n+\frac{1}{2}})(T_{i,j}^{n+\frac{1}{2}} - T_{i-1,j}^{n+\frac{1}{2}})}{2\Delta x} \right] +$$

$$\frac{\left(\dfrac{v_e'}{H^2 \sigma_T}\right)}{\Delta z^*} \left[\frac{(B_{i,j+1}^n + B_{i,j}^n)(T_{i,j+1}^n - T_{i,j}^n)}{2\Delta z^*} - \frac{(B_{i,j}^n + B_{i,j-1}^n)(T_{i,j}^n - T_{i,j-1}^n)}{2\Delta z^*} \right] +$$

$$s(i,j) + \frac{1}{H^2 \sigma_T \Delta z^*} \left[\frac{v_{e(j)}'(B_{i,j+1}^n + B_{i,j}^n)(T_{i,j+1}^n - T_{i,j}^n)}{2\Delta z^*} - \frac{v_{e(j+1)}'(B_{i,j}^n + B_{i,j-1}^n)(T_{i,j}^n - T_{i,j-1}^n)}{2\Delta z^*} \right]$$

$$(6-33)$$

第二步,在后半步,时间从$(n+\frac{1}{2})\Delta t \rightarrow (n+1)\Delta t$,对连续方程和动量方程中传播部分进行求解,其离散方程分别为:

$$\frac{(BT)_{i,j}^{n+1} - (BT)_{i,j}^{n+\frac{1}{2}}}{\frac{\Delta t}{2}} + \frac{1}{\Delta x} \left\{ \frac{1 - r_1}{2} \left[(uBT)_{i+1,j}^{n+\frac{1}{2}} - (uBT)_{i,j}^{n+\frac{1}{2}} \right] + \right.$$

$$\left. \frac{1 + r_1}{2\Delta x} \left[(uBT)_{i,j}^{n+\frac{1}{2}} - (uBT)_{i-1,j}^{n+\frac{1}{2}} \right] \right\} +$$

$$\frac{1}{\Delta z^*} \left[\frac{1 - r_2}{2} (wBT)_{i,j+1}^{n+1} - (wBT)_{i,j}^{n+1} \right] + \frac{1 + r_2}{2} \left[(wBT)_{i,j}^{n+1} - (wBT)_{i,j-1}^{n+1} \right]$$

$$= \frac{v_e}{\sigma_T \Delta x} \left[\frac{(B_{i+1,j}^{n+\frac{1}{2}} + B_{i,j}^{n+\frac{1}{2}})(T_{i+1,j}^{n+\frac{1}{2}} - T_{i,j}^{n+\frac{1}{2}})}{2\Delta x} - \frac{(B_{i,j}^{n+\frac{1}{2}} + B_{i-1,j}^{n+\frac{1}{2}})(T_{i,j}^{n+\frac{1}{2}} - T_{i-1,j}^{n+\frac{1}{2}})}{2\Delta x} \right] +$$

$$\frac{\left(\dfrac{v_e'}{H^2 \sigma_T}\right)}{\Delta z^*} \left[\frac{(B_{i,j+1}^{n+1} + B_{i,j}^{n+1})(T_{i,j+1}^{n+1} - T_{i,j}^{n+1})}{2\Delta z^*} - \frac{(B_{i,j}^{n+1} + B_{i,j-1}^{n+1})(T_{i,j}^{n+1} - T_{i,j-1}^{n+1})}{2\Delta z^*} \right] +$$

$$s(i,j) + \frac{1}{H^2 \sigma_T \Delta z^*} \left[\frac{v_{e(j)}'(B_{i,j+1}^{n+1} + B_{i,j}^{n+1})(T_{i,j+1}^{n+1} - T_{i,j}^{n+1})}{2\Delta z^*} - \frac{v_{e(j+1)}'(B_{i,j}^{n+1} + B_{i,j-1}^{n+1})(T_{i,j}^{n+1} - T_{i,j-1}^{n+1})}{2\Delta z^*} \right]$$

$$(6-34)$$

式中:$s(i,j) = \dfrac{B(1 - \beta_1)\eta\varphi_{sn}e^{-\eta H(1-z^*)}}{\rho C_p}$;$\Delta t = 1$ d $= 86\ 400$ s。

水动力方程与水温方程耦合求解。首先采用交替隐式法离散方程,求解出水动力学方程中的速度u、w;然后求解水温方程,分两步完成:在x方向用追赶法解出$T_{i,j}^{n+\frac{1}{2}}$,在z方向用追赶法解出$T_{i,j}^{n+1}$;再用新的水温方程修正动量方程,直到各方程的误差余量小于容许值。

6.2.2.6 相关参数选择与确定

求解模型需要确定的参数有垂向流速$v(y)$、水库水位y_s和初始温度T_0。

1)垂向流速

由水流连续方程,垂向流量可由水平向流量表示为:

$$Q_y(y,t) = \int_0^y [q_i(\xi,t) - q_0(\xi,t)] \mathrm{d}\eta \qquad (6\text{-}35)$$

则：
$$v(y,t) = \frac{Q_y(y,t)}{A(y)} = \frac{1}{A(y)} \int_0^y [q_i(\xi,t) - q_0(\xi,t)] \mathrm{d}\eta \qquad (6\text{-}36)$$

2）水库水位

设某一起始时刻 t_0，水库水位为 y_0，水库容积为 V_0，到时刻 $t_1 = t_0 + \Delta t$ 时的水位为 y_s，库水容积为 $V_{t1} = V_0 + \Delta V_{t1}$，在这个时间间隔内，入库流量为 $Q_1(t_1)$，出库流量为 $Q_0(t_1)$，则有：

$$V_{t1} = V_0 + [Q_1(t_1) - Q_0(t_1)] \Delta t \qquad (6\text{-}37)$$

计算时，可由水位—库容曲线查得 V_{t1} 对应的水位 y_s。一般在计算时，并没有连续的水位—库容曲线，而是给出了多个水位对应的库容，需插值计算 V_{t1} 对应的水位 y_s。

3）初始温度

一般可定在春季，这时水库处于同温状态，水温均匀，可取为与河水温度 T_0 相等。

6.2.2.7　出入库水流流速分布对水温分布的影响

入库水流及出库水流的流速是一个很复杂的问题，据日本学者在水库中的观测表明，库内的流向与流速分布极不规律，这里假设入库水流的流速分布符合正态分布（高斯分布）曲线，如图 6-3 所示。

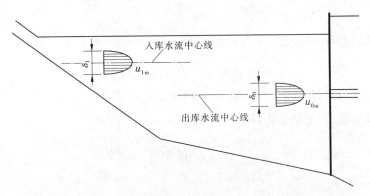

图 6-3　入库水流及出库水流流速分布示意图

正态分布时，水库流速可表示为：

$$u_i(y,t) = u_{im}(t) \exp\left[\frac{-(y - y_i)^2}{2\sigma_i^2}\right] \qquad (6\text{-}38)$$

入库总流量 Q_1 为：

$$Q_1(y,t) = u_{im}(t) \int_0^{y_s} B(y) \exp\left[\frac{-(y - y_i)^2}{2\sigma_i^2}\right] \mathrm{d}y \qquad (6\text{-}39)$$

式中：$u_{im}(t)$ 为 t 时按正态分布的水库水流的最大流速；σ_i 为流速分布的标准差；y_i 为最大流速的位置；$B(y)$ 为高程 y 处水库的平均宽度，$B(y) = A(y)/L(y)$，$L(y)$ 为高程 y 水库的平均长度。

假设天然河道中水温均匀为 T_i（由于河水紊流作用），入库后水流的中心高程即为库水温度的高程（暂不考虑入库水流在入库处的掺混作用）。若为混水水流，则首先检验小于某种颗粒的混水能否到达坝前，并按其密度进入水库的相同密度层。入库水流在库中的层厚为 δ_i，近似取为：

$$\delta_i = 4.8\left(\frac{q_{1i}^2}{g\varepsilon}\right)^{\frac{1}{4}} \tag{6-40}$$

$$q_{1i} = \frac{Q_1(t)}{B_i(y_i)} \tag{6-41}$$

式中：q_{1i} 为入库的单宽流量；ε 为入水中心线处的密度梯度，$\varepsilon = \frac{1}{\rho}\frac{\partial\rho}{\partial y}$；$g$ 为当地的重力加速度。

根据水槽试验和一般水库中观测，规定：

$$\sigma_i = \frac{0.5\delta_i}{1.96} \tag{6-42}$$

由密度与温度的关系式 $\rho = \rho_0 + aT^2 + bT$，得：

$$\varepsilon = \frac{1}{\rho}(2aT + b)\frac{\partial T}{\partial y} \tag{6-43}$$

则入库水流在库中的层厚 δ_i 可近似写为：

$$\delta_i = 4.8\left[q_{1i}^2/(0.05g/\Delta y)\right]^{\frac{1}{4}} \tag{6-44}$$

由上述公式可求得 $u_i(y,t)$，从而 $q_i(y,t)$ 可知。

对于出库水流，可类似求得：

$$\delta_0 = 4.8\left(\frac{q_0^2}{g\varepsilon_0}\right)^{\frac{1}{4}} \tag{6-45}$$

式中：q_0 为出库单宽流量，$q_0 = \frac{Q_0}{B_0}$；B_0 为出水口中心线的水库平均宽度；ε_0 为出水口中心线的密度梯度，$\varepsilon_0 = \frac{1}{\rho}\frac{\partial\rho}{\partial y}$。

6.2.2.8 热对流对水库水温的影响

热对流对水温分布影响很大，在表层处于升温状态、表层水温比其下各层高时，上部水体较轻，密度分层稳定（上轻下重）；反之，降温时表层水温低于其下各层，上部水体较重，密度分层不稳定（上重下轻），上下层将发生热对流，直到不稳定状态消失。

在各个时段完成前述计算之后，应对所得温度分布进行检查，若发现存在不稳定状态，假设即刻发生热对流，沿深度向下逐层掺混，直至掺混后温度与该层温度相等：

$$T = \frac{\int_{y_y}^{y_s} T(y)A(y)\,\mathrm{d}y}{\int_{y_y}^{y_s} A(y)\,\mathrm{d}y} \qquad (6\text{-}46)$$

实际计算过程中,首先判断第一层水温是否小于第二层水温,若小于,则混合两层求其混合温度,若混合后的水温仍低于下层水温,则继续向下混合,直至满足密度稳定。计算公式为:

$$T = \frac{T(1)V(1) + T(2)V(2)}{V(1) + V(2)} \qquad (6\text{-}47)$$

6.2.2.9 计算步骤及程序实现

库水水温的影响因素众多,其影响作用十分复杂,不仅要考虑热传导、热对流、热辐射等多种热传递方式,还要考虑水库运行调度方式、水文气象条件、来水来沙等情况。本书结合黄河上游峡谷型河道水库实际,建立了梯级开发模式下的库区二维水温模型,并采用追赶法编制了相关计算程序,计算流程图 6-4。该程序可以实现黄河流域梯级开发模式下的水库水温分布问题的求解。模型具体计算步骤如下:

(1)输入初始条件,利用模型计算水库水温前,先要根据判别指标判断计算的水库是否为分层型水库,即首先要考虑模型的适用性问题。

(2)插值计算节点处水库的几何参数。由于勘测部门不可能提供每一个节点处水库的几何参数,因此对于没有提供相关数据的节点,还需插值计算该节点处水库的几何参数。

(3)计算当日表面水温和当日的水库出入流流速。

(4)求解控制方程。

(5)计算出水温后,用新的水温方程修正动量方程,验证各方程的误差余量是否小于容许值。若小于,进入下一步;否则,将求得的水温代回控制方程,重复(4)~(5)。

(6)判断是否形成异重流。若形成,采用异重流模型求解。

(7)计算热对流。

(8)由于考虑了热对流对水温分布的影响,表面水温可能发生改变,需判断新的表面水温是否等于掺混前的表面水温。若相等,加入下一天的计算,重复步骤(3)~(7);若不相等,取新旧水温的平均值作为新的表面水温,重复(4)~(7)。

(9)输出结果。

6.2.3 泥沙异重流水温模型

水库异重流是蓄洪运用水库常发生的现象。异重流是由于入库浑水的比重大于库内清水的比重,浑水潜入清水下并沿库底流动的水流。发生异重流时,入库水流浑浊,水库末端有明显的清浑水分界线,库区水体清澈,而大坝排沙底孔宣泄出的是浑浊的含沙

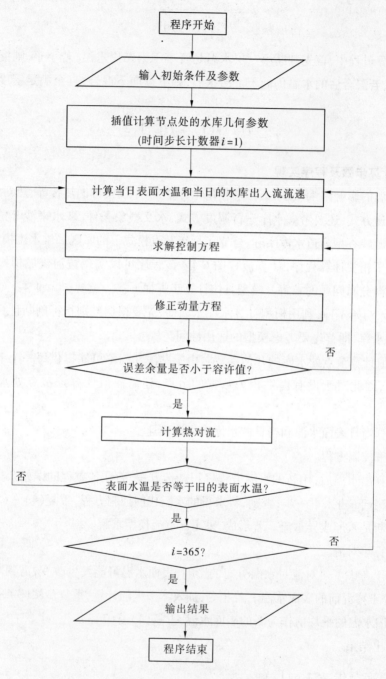

图6-4　库水水温计算流程

水流。

含泥沙的入库水流,特别是高含沙异重流,其对水库水温分布会产生很大影响,这种影响是一个十分复杂的过程。水库在建坝蓄水后,库区断面平均流速很小,温差引起的浮力流动成为影响库区流场的重要因素,并由此控制水温分层的形成、发展及消失,因此要模拟好水库的水温分层结构,就必须选择适合的浮力流模型,正确模拟其浮力流流场。

6.2.3.1 入库含沙水流密度的确定

当水库水流含泥沙时,其密度取决于水温和含沙量这两个因素,密度与水温的关系为:

$$\rho_T = 1\ 000 - 1.954\ 9 \times 10^{-2} \mid T - 4 \mid^{1.68} \tag{6-48}$$

设水流含沙量为 S,则浑水的容重为:

$$\rho = \rho_T + (1 - \frac{\rho_T}{\rho_s})S \tag{6-49}$$

式中:ρ_s 为泥沙容重,一般取 $\rho_s = 2\ 650\ \text{kg/m}^3$;$\rho_T = 1\ 000\ \text{kg/m}^3$。

则

$$\rho = 1\ 000 + 0.623S$$

由于浑水是在清水下面运动,必然受到清水的浮力作用,使浑水的重力作用减小,其有效重度仅为:

$$\Delta\gamma = \gamma - \gamma_T = (\rho - \rho_T)g = \rho g \tag{6-50}$$

有效重力加速度为:

$$g' = \frac{\rho - \rho_T}{\rho} = \eta_g g \tag{6-51}$$

式中:η_g 为重力修正系数。

6.2.3.2 判断异重流是否形成

当水库发生异重流时,在潜入点附近,水流由普通明流转化为异重流。若水流能形成异重流,则根据水槽试验和野外实测资料成果,在潜入点有:

$$\frac{u_0^2}{\eta_g h_0} = 0.6 \ \text{或} \ \frac{q^2}{\eta_g g h_0^3} = 0.6 \tag{6-52}$$

式中:u_0、q、h_0 分别为潜入点的流速、单宽流量、水深。

若式(6-52)成立,则断定水库能形成异重流,否则不能形成异重流。

6.2.3.3 异重流水温模型

考虑黄河含沙量高,泥沙异重流对坝前水温结构往往产生一些特殊影响。为此,本书采用双方程 $k \sim \varepsilon$ 模型对受泥沙异重流影响的水库温度进行模拟。

$$- \rho \overline{u_i' u_j'} = \mu_t \left(\frac{\partial u_i}{\partial x_j} + \frac{\partial u_j}{\partial x_i} \right) - \frac{2}{3} \left(\rho k + \mu_t \frac{\partial u_i}{\partial x_i} \right) \delta_{ij} \tag{6-53}$$

$$\rho \frac{\mathrm{d}k}{\mathrm{d}t} = \frac{\partial}{\partial x_i} \left[\left(\mu + \frac{\mu_t}{\sigma_k} \right) \frac{\partial k}{\partial x_i} \right] + G_k + G_b - \rho\varepsilon \tag{6-54}$$

$$\rho \frac{\mathrm{d}\varepsilon}{\mathrm{d}t} = \frac{\partial}{\partial x_i} \left[\left(\mu + \frac{\mu_t}{\sigma_\varepsilon} \right) \frac{\partial \varepsilon}{\partial x_i} \right] + C_{1\varepsilon} \frac{\varepsilon}{k} G_k - C_{2\varepsilon} \rho \frac{\varepsilon^2}{k} \tag{6-55}$$

式中:k 为紊动动能;ε 为紊动动能耗散率;σ_k、σ_ε 为 k 和 ε 的紊动普朗特数。

模型常数分别取值为 $C_{1\varepsilon}=1.44$,$C_{2\varepsilon}=1.92$,$C_\mu=0.09$,$\sigma_\mathrm{k}=1.0$,$\sigma_\varepsilon=1.3$。

$$\mu_t = \rho C_\mu \frac{k^2}{\varepsilon} \tag{6-56}$$

$$G_\mathrm{k} = \frac{1}{2}\mu_t\left(\frac{\partial u_i}{\partial x_j}+\frac{\partial u_j}{\partial x_i}\right)^2 \tag{6-57}$$

$$G_\mathrm{b} = \beta g_i \frac{\mu_t}{Pr_t}\frac{\partial T}{\partial x_i} \tag{6-58}$$

6.2.4　梯级水库群库水水温分析流程

对于梯级水库群中的某级水库,在其上一级水库建成后,该级水库的入库流量和入库水温均发生变化,这时可采用纵向一维模型计算的库尾水温作为该级水库的入库水温,以此计算联合运行情况下该级水库的水温分布;采用库区立面二维模型计算水库水温分布,并计算其下泄水流的水温对下一级水库水温分布的影响,具体程序计算流程见图6-5。

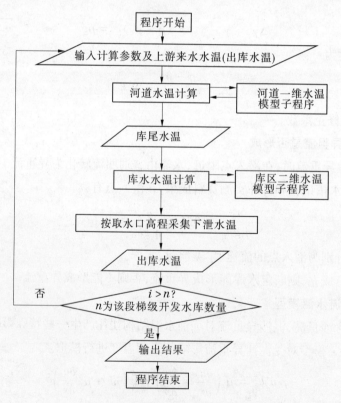

图6-5　梯级开发模式下水库群库水温模型计算流程

6.3　实例应用与分析

黄河上游龙羊峡至刘家峡河段(简称龙—刘段)既有优良的工程建设自然条件,又有梯级连续开发的优势,且调节性能优越,水库淹没和移民少,技术经济指标优越,因而龙—刘段梯级开发将产生巨大的经济社会效益。但是,建坝毕竟会改变河道原来的流量过程和河流的原有生态与环境,原先形成的平衡状态受到一定干扰或破坏,从而产生一定负面影响。水库蓄水后,水温结构发生变化,从而会对下游农作物产生冷侵害,对生态与环境产生潜在的影响。

6.3.1　刘家峡水库及其所在河段概况

刘家峡水库位于甘肃省永靖县境内的黄河干流上,下距兰州市约 100 km,控制流域面积 181 766 km²,占黄河全流域面积的 1/4,水库坝址多年平均流量为 866 m³/s,多年平均径流水量为 273 × 10⁸ m³,年径流比较稳定,6 ~ 10 月水量约占全年来水量的 78%,洪水主要集中在 7 ~ 9 月的主汛期,设计正常蓄水位为 1 735 m,总库容为 57 × 10⁸ m³,有效库容 41.5 × 10⁸ m³,是一座以发电为主,兼有灌溉、防洪、防凌、供水和养殖等综合效益的大型水利水电枢纽工程,具有多年调节性能,是黄河龙—刘段规划的第 14 座梯级水电站。

根据龙、刘两库所处的地理位置,按龙、刘两库既定的联合调度规则和运行方式,龙羊峡水库主要承担梯级水电站的补偿调节任务,刘家峡水库主要承担下游灌溉、防凌、供水、防洪等综合利用任务。

刘家峡水库属于半湖泊型水库。正常蓄水位 1 735 m 时,水库回水 65 km,水库内有两大支流汇入。右岸距大坝约 1 km 处有洮河,洮河径流量大,含沙量高,泥沙异重流对坝前水温结构往往产生一些特殊影响。

考虑到洮河沙坎和引水道入水口高程,虚拟取水口高程定在库底平均高程以上 10.9 m处,这个高程正好与引水道中心高程平齐,比左侧泄水道进水口高,比泄洪洞又低,可以反映出流取水口的平均高程。

6.3.2　刘家峡水库水温模拟

6.3.2.1　库水水温结构的判别

不同的湖泊和水库,水温垂向分层的差异是很大的,一般由强到弱划分为三种类型:分层型、过渡型和混合型。

判别水库水温分布结构,可以通过库水替换次数的指标 α 和 β 作为判别标准:当 $\alpha <$ 10 时,为分层型;当 $10 < \alpha < 20$ 时,为过渡型;当 $\alpha > 20$ 时,为混合型。

对刘家峡水库:

$$\alpha = \frac{多年平均入库流量}{总库容} = \frac{273 \times 10^8}{43 \times 10^8} = 6.35 < 10$$

为分层型水温结构,可用水库水温数学模型预测水温分布。

6.3.2.2 计算范围及地形概化

模拟区间:刘家峡坝址处至库区回水末端(坝址以上约 65 km 处)。当达到正常蓄水位 1 735 m 时,模拟区间内最大水深 70 m,垂向取 10 m 一层,共 7 层,网格步长为 100 × 500 × 10,计算网格数为 95 × 130 × 7,网格 34 243 个,时间步长 30 s。

计算时段:2006 年 1 月 1 日 ~ 12 月 31 日。采用刘家峡水库 2006 年度每天上午 8:00 的实测入、出库流量和水温资料。

初场设置:以 4 ℃的均场开始计算,模拟计算 2006 年 2 月来流水温、气象条件下整月的水温变化过程,得到 2 月底的水温分布与已有资料水温分布接近;将 2 月底水温分布作为起算初场,计算 2006 年一整年的水温分布;最后以 2 月底水温分布场重新计算 3 月、4 月、5 月水温变化过程,修正起算水温初场的影响。

6.3.2.3 模型率定边界条件

在水动力方面,上游边界采用流量边界,以上游循化水文站 2002 年 1 月 1 日 ~ 12 月 31 日每天上午 8:00 的实测流量作为刘家峡水库库尾的入库流量和洮河的月平均入库流量,见表 6-1。本次计算下游边界(出口边界)为刘家峡水电站坝址处,采用刘家峡坝址下游 1.7 km 处小川水文站的 2002 年 1 月 1 日 ~ 12 月 31 日每天上午 8:00 的实测流量作为刘家峡水库的出流量。

在水温方面,大河家下距刘家峡坝址 74 km,其电站尾水与刘家峡水库的回水衔接,因此刘家峡上游水温边界直接采用大河家断面 2006 年实测月平均水温作为来水水温资料,见表 6-2;小川水文站上距刘家峡坝址 1.7 km,可以小川水文站 2002 年实测月平均水温作为刘家峡出库水温参考。

表 6-1 洮河月平均入库流量

月份	1 月	2 月	3 月	4 月	5 月	6 月	7 月	8 月	9 月	10 月	11 月	12 月
流量 (m^3/s)	65.6	64.1	60.6	69.6	100	98.9	126	166	260	159	103	66.04

表 6-2 刘家峡水库库尾各月进入库水温

月份	1 月	2 月	3 月	4 月	5 月	6 月	7 月	8 月	9 月	10 月	11 月	12 月
水温	2	6	5	7.4	9	11.5	14.5	15	15.1	15	10	7

6.3.2.4 计算成果

采用前面所建数学模型预测水温,生成水温垂向分布图,提取坝前断面的一维垂向数据,结果见表 6-3、表 6-4 及图 6-6、图 6-7。刘家峡水库入出库水温对比见表 6-5 和图 6-8。

表 6-3 刘家峡各月坝前水温沿垂向分布统计　　　　　　　（单位:℃）

水位(m)	1月	2月	3月	4月	5月	6月	7月	8月	9月	10月	11月	12月
1 735	2.08	1.17	2.99	6.24	14.32	15.85	18.69	19.21	17.18	15.07	10.94	4.73
1 725	2.24	1.32	2.99	6.04	13.94	15.84	17.99	19.20	17.18	15.06	10.88	4.74
1 715	2.99	1.52	3.00	5.75	11.40	14.91	15.99	17.61	17.18	15.05	10.82	4.73
1 705	3.40	1.78	3.02	5.60	10.02	13.37	15.19	16.73	17.15	15.03	10.78	4.70
1 695	3.57	2.37	3.06	5.51	9.59	12.94	15.05	16.18	17.09	14.98	10.76	4.66
1 685	3.77	3.09	3.12	5.36	9.28	12.65	14.86	14.93	16.97	14.95	10.65	4.68

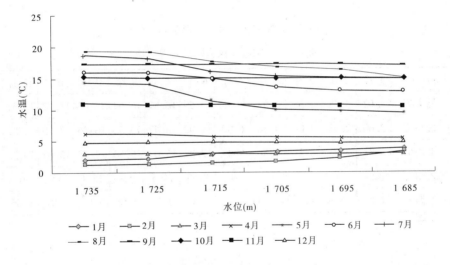

图 6-6 刘家峡各月坝前水温沿垂向分布图

表 6-4 刘家峡各月库区水温沿垂向分布统计　　　　　　　（单位:℃）

水位(m)	1月	2月	3月	4月	5月	6月	7月	8月	9月	10月	11月	12月
1 735	2.44	0.79	3.01	5.00	10.54	13.49	15.47	17.74	16.92	15.12	10.74	5.48
1 725	2.80	1.13	3.01	4.99	10.47	13.47	15.29	17.39	16.92	15.12	10.82	5.49
1 715	3.56	2.88	3.08	4.98	10.01	13.23	15.13	17.13	16.87	15.10	10.79	5.49
1 705	3.82	3.46	3.12	4.96	9.47	12.88	15.07	16.46	16.77	15.03	10.64	5.49
1 695	3.96	3.80	3.16	4.94	9.13	12.58	14.97	14.57	16.44	14.84	10.26	5.49
1 685	3.97	3.94	3.23	4.93	8.89	12.17	14.61	9.95	15.19	13.95	9.80	5.49
1 675	4.02	3.99	3.26	4.92	8.57	11.83	14.43	6.76	14.57	13.91	9.76	5.49
1 665	4.02	3.99	3.32	4.90	8.40	11.66	14.41	6.39	14.55	13.87	9.71	5.49

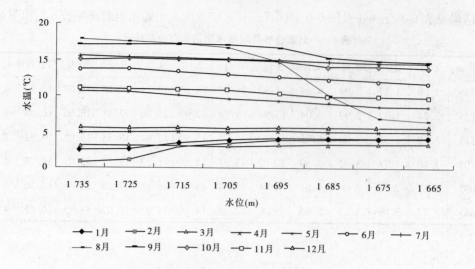

图 6-7　刘家峡各月库区水温沿垂向分布

表 6-5　刘家峡水库入出库水温对比　　　　（单位：℃）

	月份	1月	2月	3月	4月	5月	6月	7月	8月	9月	10月	11月	12月
计算	最大值	4.02	3.48	4.37	6.84	11.83	13.59	16.57	16.63	17.63	13.22	13.31	5.49
	最小值	3.60	2.03	3.01	4.36	6.80	11.92	13.57	13.52	16.26	17.29	7.32	3.62
	平均值	3.81	2.93	3.21	5.56	9.47	12.87	15.07	15.56	17.13	15.07	10.35	4.47
实测入库		2	6	5	7.4	9	11.5	14.5	15	15.1	15	10	7
入出库水温差		1.81	-3.07	-1.79	-1.84	0.47	1.37	0.57	0.56	2.03	0.07	0.35	-2.53

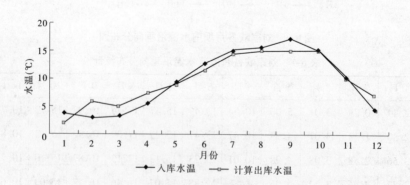

图 6-8　刘家峡水库入出库水温对比

上述图表的计算结果表明：①5～11 月及 1 月水库下泄水流的水温低于上游来水入库水温,9 月温差最大,出库水温 15.1 ℃,入库水温 17.13 ℃,温差达 2.03 ℃；②2 月、3月、4 月、12 月水库下泄水流的水温高于上游来水入库水温,2 月温差最大,出库平均水温6 ℃,入库水温 2.93 ℃,温差达 -3.07 ℃。

6.3.3 水温的梯级影响分析

(1)刘家峡水库的水温结构属于季节性分层型,库水水温垂直分布呈近似等温状态;库区内距大坝 10 km 处的断面垂向分布呈现明显的季节性变化;库尾峡谷段水温全年处于混合状态。

(2)刘家峡水库下泄水温与上一级水库供水水温相比,有一定程度的变化。水库使得其下泄水温的年内变化幅度比上游来水有所减小,在年际水温变化曲线上出现一种"坦化"的趋势。

(3)梯级水库联合运行后,刘家峡库区仍有分层现象,但水温结构有所变化,其库区水温分层有所减弱,而下泄水温过程的延迟和均化现象进一步加强。

6.4 小 结

流域梯级开发模式下的库水水温分布与预测研究是水电工程环境影响评价的重要内容之一,对于水资源开发利用具有重要意义。本章在总结已有研究成果的基础上,分析了梯级开发的库水水温风险,探讨了库水水温分层的形成、发展和变化规律,建立了适用于梯级开发模式下的河道水温、库水水温及泥沙异重流水温的分析模型,并将其用于黄河上游龙—刘段梯级水库群中刘家峡水库的水温计算,取得了能客观反映水温变化实际的分析结果。本章主要研究内容包括:

(1)梯级开发模式下的水库水温风险分析。分析了水温变化可能导致库区及其下游河道水质、水生物生存、工农业生产及城市供水、工业用水等方面的风险。

(2)建立了适用于梯级开发模式的河道一维水温模型、水库立面二维水温模型及泥沙异重流水温模型,能较好地模拟水流通过大型深狭梯级水库群的水温变化,为梯级水电工程开发的环境影响评价提供了水温分析依据。

(3)将所建水温模型用于黄河龙—刘段梯级中的刘家峡水库水温分析,结果显示水库水温年际变化呈变幅缩小的"坦化"趋势,水库群梯级运行使得库水水温分层有所减弱,下泄水温变化的延滞和均化现象有所加强,从而较客观地反映了梯级水库的水温变化实际,表明了所建梯级水库水温模型的合理适用性。

7 梯级开发模式下的生态与环境风险管理

7.1 风险管理的内容与实施步骤

风险管理是指通过用于管理、控制风险的一整套政策和程序,对风险进行识别、评估、处理和监控的系统管理过程。风险管理是一种事前管理机制,以风险度量为理念,进行接受、拒绝、减小和转移风险的全过程管理。风险管理可以针对大型水库、中型水库或小型水库进行风险管理,可以实现在不同层次上的风险管理,也可以专门针对某种特定风险进行管理,如对梯级开发模式下的生态与环境风险进行管理。

风险管理的一般过程如图 7-1 所示。

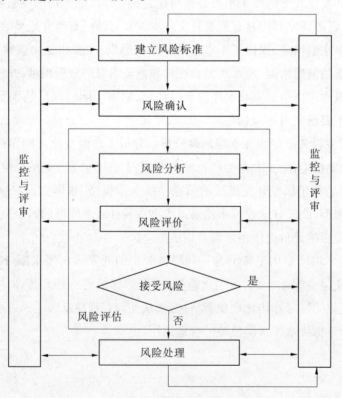

图 7-1 风险管理过程

从图 7-1 可以看出,风险管理过程主要包括建立风险标准、风险确认、风险评估和风险处理四大部分。

(1)风险标准。包括建立生命风险标准、经济风险标准、社会与环境风险标准等。

（2）风险确认。鉴定风险的来源及其影响范围，为风险评价做准备。

（3）风险评估。这是一个决策过程，决定已存在的风险概率及其损失大小、是否可以容忍、风险控制措施是否合适、如何通过工程措施或非工程措施降低风险等。这种风险评估决策主要包括风险分析和风险评价。根据风险分析的结果和风险标准比较，决定风险是否可以承受或容忍。

（4）风险处理。这一步骤是选择并执行适当的方案来处理风险，是一个动态过程。如果风险不可承受或容忍，则必须立即进行风险处理。风险处理方法有以下几种：

①降低风险。采用工程措施和非工程措施结合的优化技术，把风险降到可以接受的水平。

②转移风险。通过立法、合同、保险等手段，将风险损失责任或负担转移到另一方。

③回避风险。若风险分析结果不满足风险标准，可采取适当措施以规避风险。当采取措施降低风险的费用与取得的效益很不相称时，可让水库降等甚至报废，以回避风险。

④保留风险。如果风险是受体可以接受的或者是可以容忍的，则可以保留风险或在某种措施下保留风险。

7.2　风险管理与风险评价

广义的生态风险评价（Ecological Risk Assessment，ERA）包括风险管理、风险评价和风险信息沟通，总称为生态风险分析。生态风险评价的最终目的在于生态风险决策管理，生态风险管理是整个生态风险评价的最后一个环节。其管理目标是将生态风险降低到最小，管理决策的正确与否将决定风险能否得到有效控制。生态风险评价为生态风险管理的决策和执行提供了科学基础，对于生态风险管理的结果可返回进入下一轮的风险评价以不断改进管理政策。

从生态风险管理与风险评价的关系来看，先是风险管理为风险评价划定界限，然后利用风险评价的结果作为决策依据。因此，生态风险评价为风险管理决策提供了一种发展、组织和表征科学信息的方式，生态风险评价的设计和实施，为生态风险管理提供了有关管理措施可能引起的不良生态效应的信息，而且通过风险评价的过程可以整合各种新的信息，从而改善环境决策的制定。

具体来说，风险分析和评价为风险管理创造了以下条件：①为决策者提供了计算风险的方法，并将可能的代价和减少风险的效益在制定政策时考虑进去；②对可能出现和已经出现的风险源开展风险评价，可事先拟订可行的风险控制行动方案，加强对风险源的控制。图7-2较好地描述了生态风险评价与生态风险管理之间的关系。

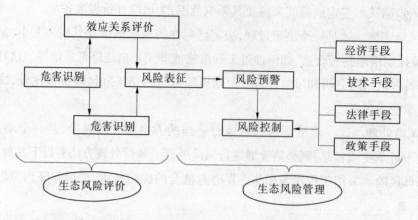

图 7-2   生态风险评价与生态风险管理关系

7.3   梯级开发模式下的生态与环境风险管理体系构建

在流域梯级开发模式下,其生态与环境风险管理是一个复杂的、动态的、综合的过程,目前专门针对这方面问题的研究还比较少。因此,十分有必要根据流域梯级开发实际,借鉴区域生态风险管理的思路,构建流域梯级开发的生态与环境风险管理基本框架体系。要系统搭建梯级开发的生态与环境风险管理框架体系,需要从梯级开发角度综合考虑相应的生态与环境风险在来临前、风险到来时和风险过后的整体风险管理过程。

所搭建的梯级开发生态与环境风险管理体系如图 7-3 所示,其具体内涵为:

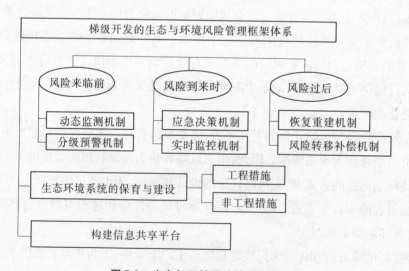

图 7-3   生态与环境风险管理框架体系

(1)针对风险来临前的预防,建立长期的风险动态监测机制。由生态风险分析和评价结果,划分出不同等级的风险区,针对不同的风险区建立长效的风险动态观测站,记录某区域发生不同风险的频率和强度,以便为风险预警和决策提供大量有效数据,增强其准确度。同时应建立完善的生态与环境风险分级预警机制,包括预警信息的生成(警源识别、警情检测、警兆识别、警度限定等)、预警信息的发布和预案系统的实施,根据风险可能带来的危害程度不同,发出不同级别的风险警报。

(2)针对风险到来时的应对,建立应急决策机制。包括应对方案与替代方案库,以及相应的决策模型;确保及时向风险管理的各相关部门传递最新信息,使得各部门的信息公开透明;调配整合各种救灾措施,将风险带来的破坏和损失降到最低。在此期间,还应重视实时监控和收集此次风险的强度、等级和动态变化特征,完善风险信息数据库,为以后该风险的管理研究提供有力的资料支撑。

(3)针对风险过后处理,完善恢复重建机制。风险过后,应对风险造成的破坏和影响作进一步的评估,对破坏区的生态恢复建设进行重新调整和修正。同时,应完善风险转移补偿机制,利用金融手段和保险、再保险手段,将风险损失从风险遭受者一方转移到多方承担,以减轻生态风险带来的危害性和社会不稳定性。

(4)在梯级开发的生态与环境风险管理体系构建中,生态与环境系统的保育与建设应该贯穿整个风险管理过程的始终。

(5)构建信息共享平台,以便风险管理各参与方能及时沟通和交流;同时需学习和借鉴国内外有关区域生态与环境风险管理的最新技术及有效经验。

7.4 梯级开发的生态与环境风险减缓

风险防范与减缓是风险分析的目的所在,针对不同风险制定合理的风险减缓措施,可以有效防范风险,把风险损失控制在受体可接受的范围。本书就流域梯级开发模式下的水质风险、泥沙淤积风险、生态与环境需水量风险和水温变异风险,提出以下风险减缓措施。

7.4.1 水质风险减缓措施

7.4.1.1 完善库区水质动态监测体系

针对水库实际情况,科学制订监测计划,制定科学的监测频率与项目,分期逐步实施和完善水库水质监测体系。

7.4.1.2 加强对库区及水库上游地区入库排污口的监督管理

建立健全库区及上游排污口动态监测体系,准确掌握主要污染物排放口的位置、排放量、排放方式等情况,为库区排污口的监督管理提供科学依据。控制库区工矿企业的无序发展,减少新的入库排污口的增加;在排污口动态监测资料的基础上,加强对库区及上游现有排污口的监督管理,防止库区水质恶化的产生。

7.4.1.3 加强库区污染防治

库区污染的预防和治理应从加强工业污染治理、加强水库内污染管理、加强农村面源污染防治三方面入手。

7.4.2 泥沙淤积风险减缓措施

7.4.2.1 加强水土保持

水土保持是防治水库淤积的根本途径,它既能保土保水,又可起到减沙、阻沙的作用,从根本上解决水库淤积问题。

7.4.2.2 合理调度、排沙

1)泄洪排沙,蓄清排浑

根据水库的具体情况,河流的水量及沙量高度集中于汛期的特点,充分利用汛期大洪水能挟带大量泥沙自然传吐的性能,洪水一到就及时开启闸门放水,以达到排沙清淤的效果,将大部分泥沙排出库外,实行蓄清排浑运用。

2)异重流排沙

在水库蓄水情况下,当洪水挟带大量的泥沙入库时,由于清水与浑水的比重不同,二者基本不相混掺,而是浑水潜入清水底部并沿库底向坝前运行,此时及时打开底孔的闸门,将浑水排出库外,可减少水库淤积量。

3)人工排沙

在水库泄空期间,人工将主槽两侧的淤泥推向主槽,或将水流导入在滩地上预先挖好的新主槽内,依靠清水、基流或洪水冲刷作用,将泥沙排出库外。

4)合理调度

结合发电合理的调度运用,增大排沙效果。

7.4.3 生态与环境需水量风险减缓措施

(1)合理开发梯级水库。梯级水库的形成,不仅加大淹没土地损失,增加移民数量,而且会改变局部气候,对库区造成更大的生态与环境压力,更重要的是会改变库区及下游河道的天然条件,使下游流量减少。这不仅对库区下游工业、农业、城市生活用水及生态与环境用水不利,而且会减少河流的输沙能力,使泥沙大量淤积。因此,对梯级水库的开发要由专家分析和预测建库前后的水文、生态与环境等变化,提出相应的生态与环境保护和建设的具体措施及建议。梯级电站的规划审批应更加严格,认真调查考证,加大环评力度。

(2)积极实施调水工程。目前,我国已经实施了多项生态补水工程,取得了修复生态和改善环境的明显效果。当前正在实施的南水北调工程,是解决我国北方干旱地区缺水的重大举措。在水资源配置中也应考虑向黄河补充生态水,这将对维持黄河健康生命具有重大意义。

(3)大力治理水土流失。水土流失是河流泥沙的主要来源,黄河流经的黄土高原地

区植被稀疏,暴雨集中,土质松软,土壤抗蚀性差,地形破碎,坡陡沟深,水土流失严重。水土保持可采取的措施是:防治结合,强化治理;以多沙粗沙区为重点,小流域为单元,采取工程措施、生物措施和耕作措施,注重治沟骨干工程建设。遵循"退耕还林、封山绿化、个体承包、以粮代赈"的政策措施,在稳定基本农田规模和数量的基础上,对坡耕地实施全面退耕还林还草,增加植被覆盖;把产沙集中、对黄河河道淤积有重要影响且经济相对落后的多沙粗沙区作为重中之重,集中力量,增加投入,加快治理;对已有水土保持措施、次生林及水土流失相对较轻的地区,加强预防保护;在开发建设强度大的地区,加强执法监督,避免产生新的水土流失。

(4)节约用水,防治水污染。

7.4.4 水温风险减缓措施

(1)分层取水。主要用于规模较小、对水温有要求的、以灌溉为主要功能的水库。为减少低温水对下游生态与环境的影响,通过工程措施改善下泄水流水温,尽量下泄表层水。

(2)合理选取闸门形式。按照闸门形式的不同,闸门可分为多层平板闸门和叠梁门形式;按照取水建筑物的形式,闸门又可分为竖井式和斜涵卧管式,斜涵卧管式只适用于取水深度和流量都较小的水库,竖井式可用于取水流量较大的深水水库。

(3)采用叠梁门形式。这是因为叠梁门取水方式具有能取到表层水、操作简单和建构筑物增加不多等优点。

7.5 小 结

风险管理是评价流域生态与环境风险的有效工具,建立流域梯级开发模式下的风险管理,对促进流域生态与环境可持续发展具有重要意义。

本章以黄河上游梯级开发为例,对流域梯级开发的生态与环境风险管理进行了研究。主要内容有:

(1)探讨了相关风险管理的内容和实施步骤。

(2)搭建了风险管理的基本框架体系,针对风险来临前、风险来临时及风险过后,提出了不同的应对机制。

(3)针对生态与环境需水量、水质风险、泥沙淤积风险、库水水温风险等生态与环境风险问题,提出了流域梯级开发的生态与环境风险减缓措施。

8 结论与展望

近几十年来,随着社会与经济发展需求的不断增长,国内外水资源工程建设逐步从单项工程开发利用转向流域梯级开发与综合利用,以更好地实现发电、防洪、航运、灌溉、供水、渔业和旅游等经济效益,带动区域经济和社会发展。尤其在国内,近 10 多年来水利水电工程建设正处于历史高潮期,水电开发模式取得了跨越式的发展,以国家级、省(区)级为主的一批电力开发公司纷纷取得了国家规划十三大水电开发基地中绝大多数江河流域的开发权,逐步开始进行所控流域的梯级滚动开发,这无疑是我国水利水电建设史上一个新的里程碑。但随着流域梯级开发的逐步深入,其带来的区域生境结构破坏、库水污染、环境影响、河道断流、泥沙淤积、水温异常、水生物生存环境恶化等生态与环境问题也日益突出。为此,对流域梯级开发的生态与环境风险进行分析研究,揭示其机理与过程,预测其危害与损失,加强相关风险问题的科学管理,就成为了当今国际上水资源开发利用和生态与环境保护各项研究中亟待解决的关键课题,它对于实现流域水资源综合利用和确保流域生态与环境可持续发展,均具有十分重要的意义。

然而,对流域梯级开发的生态与环境影响及其可能带来的风险问题进行研究,需要流域内有关自然、气象、水文、地形、地质、生态、环境、社会、经济等各方面基本信息,同时涉及数理、力学、水利工程、人文、经济、管理等多学科知识的交叉与融合,因而其研究内容复杂,需解决的关键问题多,研究难度大,目前国内外开展相关研究还比较少。

8.1 结 论

黄河是中华民族的母亲河,黄河上游作为我国十三大水电开发基地之一,将形成以龙羊峡为龙头水库的国内最大梯级电站群,是目前国内综合利用任务最多、调度运行最复杂、涉及区域最广的梯级水电站群。本书以黄河上游流域水资源开发利用为工程背景,对流域梯级开发可能导致的生态与环境风险问题进行系统研究。在对生态与环境风险进行有效辨识的基础上,重点针对流域梯级开发模式下的水质污染、生态与环境需水量、泥沙淤积、库水水温分布变异等风险问题,研究合理可行的建模分析与风险评价方法,以及相应的编程计算和工程实例应用分析,并对流域梯级开发的生态与环境风险管理进行研究,提出相应的风险防范与减缓措施,从而为有关风险管理决策提供科学依据。

本书的研究内容和结论如下:

(1)以黄河上游梯级开发为背景,在分析其水资源特点、梯级开发现状与存在问题的基础上,探讨了梯级开发在施工建设期、初次蓄水期、稳定运行期可能对生态与环境造成的影响,将梯级开发风险划分为工程自身安全风险、生态与环境风险、运行管理风险三大类,并重点从水质污染、生态与环境需水量、泥沙淤积、库水水温变异等方面,对梯级开发的生态与环境风险及其累积效应进行了系统辨识,为相关风险分析研究奠定了基础。

(2)建立了基于灰色–随机复合不确定性的梯级开发水质风险分析方法。将流域梯级开发中影响水质风险的诸多不确定性作用看做随机作用,把各种不确定性之间复杂的不明确关系看做灰色,从而展开对灰色–随机不确定性交互作用下的复合不确定性问题的研究,通过对功能函数的确定,将水质污染的灰色–随机风险概率转换成一般随机风险概率,然后应用改进一次二阶矩法,实现对流域梯级开发水质风险的不确定性分析与计算。

(3)提出了基于风险因子层次分析法的生态与环境需水量模糊神经网络模型研究。采用多因子层次分析法建立了生态与环境需水量各风险因子间的相互联系,从而避免了单一因子分析的不足;并将多因子层次分析法确定的各指标组合权重值作为生态与环境需水量模糊神经网络模型中的影响因子初始权值输入,有效消除了随机赋予初始权值对模型结果的影响,实现了多因子共同作用下对梯级开发的生态与环境需水量预测;结合黄河上游梯级开发的工程实例应用分析结果表明,所建立的分析模型及编制的 Matlab 程序均具有较好的实用性。

(4)提出并建立了梯级开发模式下水库入库沙量拟合与预测的 PLSR 模型。在对流域梯级开发的泥沙淤积风险进行系统分析基础上,针对入库沙量各影响因子之间存在多重相关性的特点,建立了梯级水库入库沙量拟合与预测的 PLSR 模型;并结合黄河上游梯级开发实际,对某梯级水库的入库沙量进行了预测和分析,结果表明,所建 PLSR 模型有效解决了常规最小二乘法回归模型的精度受制于自变量因子间的多重相关性干扰的问题。

(5)对梯级开发模式下的库水水温风险及其时空分布规律进行了研究。在总结已有研究成果的基础上,分析了梯级开发可能导致的库水水温风险,探讨了库水水温分层的形成、发展和变化规律,建立了梯级开发库水水温分布的立面二维数学模型和泥沙异重流水温模型。黄河上游某梯级水库的水温预测结果分析表明,所用分析方法是切实可行的。

(6)进行了流域梯级开发模式下的生态与环境风险管理研究。探讨了相关风险管理的内容和实施步骤;搭建了风险管理的基本框架体系,对风险管理的不同阶段提出了相应的应对机制;针对生态与环境需水量、水质风险、泥沙淤积风险、库水水温风险等生态与环境风险问题,提出了合理的风险减缓措施。

综上所述,本书结合黄河上游梯级开发实际,对流域梯级开发可能导致的生态与环境风险问题进行了系统研究。搭建了梯级开发模式下生态与环境风险管理的基本框架,并重点针对水质污染、生态与环境需水量、入库沙量、库水水温变异等各种风险建立了可行的分析评价模型,提出了相应的风险管理与应对机制及具体的风险防范与减缓措施,为梯级开发的生态与环境风险管理提供了理论基础和决策依据。

8.2 展 望

国内外水利水电工程开发建设的历史与经验表明,流域梯级开发能更加合理有效地利用水资源,降低工程造价,缩短建设工期,促进流域综合治理和经济发展,其优越性毋庸置疑;但审视当前和展望未来,任何忽视或置流域系统的生态与环境影响于不顾、而单纯以经济和社会效益最大化来选择流域开发的模式却并不科学。为此,各级管理部门、开发公司、建设单位、科研与技术人员,均应当抱以对子孙后代负责的态度,秉持可持续发展的科学精神,综合研究和统筹考虑社会、经济、生态与环境发展的各项宏观目标与具体细化指标,以确保水资源梯级开发的可持续利用和自然生态与环境之间的和谐协调发展。要做到这一点,就必须加强相关生态与环境风险问题的研究和管理,确保在流域梯级开发的整体规划中,对相关河道流域的整个自然生态和环境状况进行全面调研与科学分析,在此基础上系统辨识梯级开发的各类生态与环境风险因子,进而对流域梯级开发的生态与环境风险及其可能导致的不利后果和相关的风险承受能力进行客观科学的分析与评价,建立合理可行的风险防范和风险管理机制。

正是基于上述认识,本书以黄河上游水利水电梯级开发建设为工程背景,对流域梯级开发模式下的生态与环境风险问题进行了较为系统的研究。但限于篇幅和作者水平,其中还有不少问题值得深入探讨和研究:

(1)完备的流域基本数据资料是开展相关研究的重要基础和前提。应通过现场调研、现场监测、资料收集、资料整编与归纳分析等手段,对所要研究流域的自然、气象、水文、地形、地质、社会经济概况、生态与环境状况、水资源特点与管理利用现状、水土保持、梯级开发规划与建设状况等进行梳理。如条件许可,可以建立流域系统的基本资料信息管理数据库,从而为流域梯级开发的生态与环境风险研究和管理奠定基础。

(2)研究的深度和广度均有待拓展。本书仅从所辨识出的各类生态与环境风险中,有选择性地针对流域梯级开发可能导致的库水水质、生态与环境需水量、泥沙淤积和库水水温变异等风险问题进行了分析研究,建立了相应的拟合与预测模型。事实上,梯级开发模式下的生态与环境风险种类繁多,值得深入研究的风险问题远不局限于本书所研究的范畴。例如:风险与不确定性是一对孪生物,应加强对各类风险因子的不确定性分析与量化研究;应充分重视对中小事故的风险研究,其风险概率相对较大,对流域生态与环境总风险的贡献甚至可能超过所谓的极端事故风险;应针对现有风险评价和事故预测模型的不足进行优化改进,建立新的风险分析方法和评价模型。

(3)对风险源、风险受体的认识范围有待拓展。如:梯级开发的生态与环境风险受体种类繁多,如何选取典型的、有代表性的受体来描述流域生态与环境系统受危害的程度,是风险分析的关键;目前的风险受体研究主要集中在个体和种群水平,应加强对群落和生态水平等较高层次的风险受体研究。

(4)加强梯级开发模式下的流域生态与环境安全监测及相关研究。应对梯级水库群的库区水位、水温、水质、消落带等进行实时监测和分析,为流域生态与环境风险分析提供及时准确的情报信息,切实推进梯级开发利用和生态与环境的可持续健康发展。

(5)积极开展风险应急计划、风险减缓、风险决策管理等研究。目前,国内外对这些方面的研究相对滞后,急需加强,否则对生态与环境风险分析及评价将失去意义和作用。

(6)加强有关风险分析评价成果的应用研究。本书研究以黄河上游梯级开发为工程背景,但针对各类生态与环境风险问题所提出的建模分析方法并不局限于黄河上游水库群的风险分析,目前国内正在进行梯级滚动开发的江河流域众多,本书的研究思路、技术路线和建模分析方法值得推广应用。

参 考 文 献

[1] 潘家铮. 千秋功罪话水坝[M]. 北京:清华大学出版社,2000.

[2] 汪秀丽,董耀华. 美国建坝与拆坝[J]. 水利电力科技,2006,31(1):20-41.

[3] 汪恕诚. 论大坝与生态[J]. 水力发电,2004,30(4):1-4.

[4] 陈宗梁. 国外水电技术的发展[J]. 中国工程科学,2002,4(4):86-92.

[5] 马文亮,边慧霞,刘东常,等. 中国水电工程的发展与展望[J]. 西北水力发电,2006,22(5):97-99.

[6] 麻泽龙,程根伟. 河流梯级开发对生态与环境影响的研究进展[J]. 水科学进展,2006,17(5):748-752.

[7] 刘守杰,孙红光,刘星. 试论水利工程梯级开发对生态环境的负面影响[J]. 森林工程,2003,19(2):15-16.

[8] 汪秀丽. 伏尔加河梯级开发的影响[J]. 水利电力科技,2005,31(3):34-40.

[9] 童飞,杨志峰,姚长青,等. 水电梯级开发对生态承载力影响评估支持系统的设计与应用[J]. 安全与环境学报,2006,6(2):29-32.

[10] 刘兰芬. 河流水电开发的环境效益及主要环境问题研究[J]. 水利学报,2002(8):121-127.

[11] 李亚农. 流域梯级开发对环境的影响[J]. 水电站设计,1997,13(3):19-24.

[12] АГ波德杜勃内依. 关于伏尔加河流域生态系统的几个主要问题[J]. 容致旋,译. 水利水电快报,1994,4:21-23.

[13] Г. В. 沃洛巴耶夫,А. В. 阿瓦克扬. 水库及其环境影响[M]. 李砚阁,程玉慧,译. 北京:中国环境科学出版社,1994.

[14] 陈凯麒,王东胜,刘兰芬. 流域梯级规划环境影响评价的特征及研究方向[J]. 中国水利水电科学研究院学报,2005,3(2):79-84.

[15] 陈国阶,徐琪,杜榕桓,等. 三峡工程对生态与环境的影响及对策研究[M]. 北京:科学出版社,1995.

[16] 廖国华,庞增铨,钟晓,等. 西部山区河流梯级开发水环境变异的防范对策[J]. 贵州农业科学,2004,32(6):85-86.

[17] 庞增铨,廖国华. 论贵州喀斯特地区河流梯级开发的水环境变异[J]. 贵州环保科技,1999,12(4):13-17.

[18] 黄河公司. 黄河上游水电开发有限责任公司 2010 年发展战略目标[EB/OL]. [2007-12-25]. http://www.hhsd.com.cn/.

[19] 郝伏勤,黄锦辉,高传德,等. 黄河干流生态与环境需水量研究[J]. 水利水电技术,2006,37(2):60-63.

[20] 夏军强,吴保生,王艳平. 近期黄河下游河床调整过程及特点[J]. 水科学进展,2008,19(3):301-308.

［21］胡国华,孙树青,郭飞燕. 黄河干流水环境健康风险评价[J]. 应用基础与工程科学学报,2006(14):63-68.

［22］李懿媛,张瑞佟. 黄河上游已建水电站的环境效益[J]. 中外水电,2003(1):33-35.

［23］李谢辉,李景宜. 我国生态风险评价研究[J]. 干旱区资源与环境,2008,22(3):70-74.

［24］严登华,桑学锋,王浩,等. 水资源与水生态若干工程技术研究述评[J]. 水利水电科技进展,2007,27(4):80-83.

［25］薛联青,赵学民,崔广柏. 利用GIS与遥感技术进行流域梯级开发的环境影响评估[J]. 水利水电技术,2001,5(32):40- 43.

［26］刘正茂,吕宪国,武海涛. 生态水利工程设计若干问题的探讨[J]. 水利水电科技进展,2008,28(1):28-30.

［27］董哲仁. 试论生态水利工程的基本设计原则[J]. 水利学报,2004(10):1-6.

［28］赵业安,李勇. 黄河水沙变化与下游河道发展趋势[J]. 人民黄河,1994,17(2):31-34,41.

［29］L. Duckstein ,E. J. Plate. Engineering reliability and risk in water resources[M]. Amsterdam:Martinus Nijhoff Publishers. 1987.

［30］毛小苓,刘阳生. 国内外环境风险评价研究进展[J]. 应用基础与工程科学学报,2003,11(3):266-272.

［31］陈辉,刘劲松,曹宇,等. 生态风险评价研究进展[J]. 生态学报,2006,26(5):1559-1563.

［32］田裘学. 健康风险评价的基本内容与方法[J]. 甘肃环境研究与监测,1997,10(4):32-36.

［33］郭仲伟. 风险分析与决策[M]. 北京:机械工业出版社,1987.

［34］胡二邦. 环境风险评价实用技术和方法[M]. 北京:中国环境科学出版社,2000.

［35］陆雍森. 环境评价[M]. 2版. 上海:同济大学出版社,1999.

［36］Thorteical E C. Possibilities and consequences of major accidents in large nuclear powerplants［R］. DOC. 740,U. S. A. E. C. ,Washington,D C,1975.

［37］U S Environmental Protection Agency. Frame work for ecological risk assessment［R］. EPA6302R2922001. Office of Research and Development,Washington,D C,USA,1992.

［38］U S Environmental Protection Agency. Guidelines for ecological risk assessment［R］. EPA6302R2952002F. Office of Water,Washington,D C,USA. 1998.

［39］Valiela I,Tomasky G,Hauxwell J,et al. Producing sustainability:management and risk assessment of land derived nitrongen loads to shallow estuaries［J］. Ecological Application,2000(10):1006-1023.

［40］Cormier S M,Smith M,Norton S,et al. Assessing ecological risk in watershed:A case study of problem for mulation in the Big Darby Creek watershed,Ohio,USA［J］. Environmental Toxicology Chemistry,1999(19):1082-1096.

［41］Kapustka L A, Land G W. Ecology:the science versusthemyth［J］. Human and Ecological Risk Assessment,1998(4):829-838.

［42］Matthews R A,Metthews G B,Landis W G. Application of community level toxicity testing to environmental risk assessment［C］//NewmanM Cand StrojanCL,eds. Risk Assessment:Logicand Measurement. AnnArborPress,AnnArbor,MI,USA. 1998,225-253.

［43］Wayne G,Landis. Uncertainty in the extrapolation from individual effects to impacts upon landscape［J］. Human and Ecological Risk Assessment,2002,8(1):193-204.

［44］Rachel N,Wallack,BruceK. Hope. Quantitative consideration of ecosystem characteristic sinanecological risk assessment:A case study［J］. Human and Ecological Risk Assessment,2002,8(7):1805-1814.

［45］Willis R D,Hull R N,Marshall L J. Consideration regarding the use of reference area and base line informationin ecological risk assessment［J］. Human and Ecological Risk Assessment,2003,9(7):1645-1653.

［46］Fu Z Y,Xu X G. Regional ecological risk assessment［J］. Advance in Earth Sciences,2001,16(2):267-271.

［47］Mao X L,Ni J R. Recent Progress of Ecological Risk Assessment［J］. Acta Scientiarum Naturalium Universitatis Pekinensis,2005,41(4):646-654.

［48］胡德秀,周孝德,李怀恩. 区域生态环境经济价值评估方法评述［J］. 新疆环境保护,2005,27(3):26-31.

［49］胡德秀,周孝德. 均值一次二阶矩法在水质非突发性风险分析中的应用［J］. 西北水资源与水工程,2003,14(1):18-20.

［50］赵长森,夏军,王纲胜,等. 淮河流域水生态与环境现状评价与分析［J］. 环境工程学报,2008,2(12):1698-1704.

［51］黄圣彪,王子健,乔敏. 区域环境风险评价及其关键力学问题［J］. 环境科学学报,2007(27):705-713.

［52］张应华,刘志全,李广贺,等. 基于不确定性分析的健康环境风险评价［J］. 环境科学,2007,28(7):1409 - 1415.

［53］Burton Allen G. Ji,Peter M Chapman,Eric P Smith. Weight-of-evidence approaches for assessing ecosystem impairment［J］. Human and Ecological Assessment,2002,8(7):1657-1673.

［54］Wayne G. Landis. The frontier in ecological risk assessment of expanding spatial and temporal scales［J］. Human and Ecological Risk Assessment,2003(9):1415-1424.

［55］Rosana Moraes,Sverker Molander. A procedure for ecological tiered assessment of risks (PETER)［J］. Human and Ecological Risk Assessment,2004,10(2):349-371.

［56］Ukdoe. A guide to risk assessment and risk management for environmental protection［C］. HerMajesty's Stationery Office,London,UK,1995.

［57］Wang B Z,et al. Foreign environmental science and technology［J］. 1985,(Supp.):111.

［58］Janse G,Ottitsch A. Factors influencing the role of non-wood fores products and services［J］. Forest Policy and Economics,2005(7):309-319.

［59］Hauer F R,Lorang M S. River regulation,decline of ecological resources,and potential for restoration in a semi-arid lands river in the Western USA［J］. Aquatic Sciences,2004,66:388-410.

［60］Olenick K L,Kreuter U P,Conner J R. Texas landowner perceptions regarding ecosystem services and cost-sharing land management programs［J］. Ecological Economics,2005(53):247-260.

［61］Miller A C,Payne B S. Reducing risks of maintenance dredging freshwater mussels in the Big Sun flower

River,Mississipp[J]. Journal of Environmental Management,2004(73):147-154.

[62] Hu dexiu,Yang jie,Han yu. Synthetical analysis and evaluation on the safety properties of Tapangou reservior[R]. Xi'an University of Technology,2001.

[63] 夏军,刘苏峡. 国际科学院网络组织水计划研究进展[J]. 水利水电技术,2007,38(1):33-37.

[64] 吴丰昌,孟伟,宋永会. 中国湖泊水环境基准的研究进展[J]. 环境科学学报,2008,28(12):2385-2393.

[65] Cortes R M V,Ferreira M T,Oliveira S V,et al. Contrasting impact of small dams on the macro in Vertebrates of two Iberian mountain rivers [J]. Hydrobiology,1998(389):51-61.

[66] Mugabe F T,Hodnett M G,Senzanje A. Opportunities for increasing productive water use from dam water:a case study from semiarid Zimbabwe [J]. Agricultural Water Management,2003(62):140-163.

[67] L. Duckstein,E. J. Plate. 水资源工程可靠性与风险[M]. 吴媚玲,等,译. 北京:水利电力出版社,1993.

[68] 邓聚龙. 灰色预测与决策[M]. 武汉:华中理工大学出版社,1988.

[69] 王光远. 未确知信息及其数学处理[J]. 哈尔滨建筑工程学院学报,1990(4):1-3.

[70] L. A. Zadeh. Fuzzy Sets[J]. Information and Control. 1965,8(3):338-353.

[71] Jaynes E T. Information theory and statistical Mechanics[J]. Physical Review,1957,106(4):620-630.

[72] Karlson P. O. , Haimes Y. Y. Risk assessment of extreme events:Application [J]. J. Water Resour. Plan. Manag. ,1989,115(3):299-320.

[73] 陈继光,吕学昌. 土坝观测数据的模糊人工神经网络分析[J]. 水利学报,2000(1):19-22.

[74] Hu Dexiu,Yang Jie,Zhou Xiaode. Analysis Method of Complex Uncertainty for the Run Risk of Ill Reservoir[A]. Proceedings of the International Conference on Dam Safety Management[C]. Nanjing,China. October 2008.

[75] 胡德秀,杨杰,周孝德. 病险水库运行风险的复合不确定性分析方法[J]. 西北农林科技大学学报,2008,37(3):230-234.

[76] 胡德秀,周孝德,杨杰. 基于不确定性分析的溃坝失事生命损失风险概率估算方法[J]. 西安理工大学学报,2008,24(2):133-138.

[77] 张惠珍,马良. 基于变尺度混沌优化策略的混合遗传算法及在神经网络中的应用[J]. 上海理工大学学报,2007,29(3):215-219.

[78] 梁婕,曾光明,郭生练,等. 变尺度混沌——遗传算法在复杂河流水质模型参数优化中的应用[J]. 环境科学学报,2007,27(2):342-347.

[79] 许劲,龙腾锐. 不确定性河流水质模型的应用及进展[J]. 中国给水排水,2007,23(16):4-8.

[80] 方子云. 水利建设的环境效应分析与量化[M]. 北京:中国环境科学出版社,1993.

[81] 薛联青,赵学民,崔广柏. 利用 GIS 与遥感技术进行流域梯级开发的环境影响评估[J]. 水利水电技术,2001,5(32):40-43.

[82] Everard M. Investing in sustainable catchments[J]. Science of the Total Environment,2004(324):1-24.

[83] 钱华,李贵宝,陈凯麒,等. 黄河上游水质状况及水质演变趋势分析[EB/OL]. [2004-12-11]. 水信息网.

［84］ Yang D Q, Ye B S, Douglas L K. stream flow changes over Siberian Yenisei River Basin［J］. Journal of Hydrology,2004(296):59-80.

［85］ Ye B S, Yang D Q. Changes in Lena river stream flow hydrology:human impact vs. natural variations［J］. Water Resources,2003,39(7):1200.

［86］ 邓云,李嘉,李克锋,等. 梯级电站水温累积影响研究［J］. 水科学进展,2008,19(2):273-279.

［87］ 邓云,李嘉,罗麟,等. 水库温差异重流模型的研究［J］. 水利学报,2003(7):7-11.

［88］ Milliman J D. Oceanography blessed dams or damned dams［J］. Nature,1997(386):327.

［89］ Williams G P,Wolman M G. Downstream effects of dams in Alluvial rivers［J］. US Geological Survey Professional Paper,1984:1286.

［90］ Kondolf GM. Hungry water:Effect of dams and gravel Mining on river channels［J］. Environmental Management,1997,21(4):533-551.

［91］ Kondolf G M,Swanson M L. Channel adjustments to reservoir construction and instream gravel mining, Stony Creek,California［J］. Environmental Geology and Water Science,1993(21):256-269.

［92］ 毛小苓,田坤,李天宏,等. 城市生态需水量变化特征分析［J］. 北京大学学报(自然科学版),2008(4):60-66.

［93］ 赵信峰,刘俊卿,吴金乡,等. 河流生态环境需水量的基本理论探析［J］. 黄河水利职业技术学院学报,2008,20(3):15-17.

［94］ 王西琴,刘昌明,杨志峰. 生态及环境需水量研究进展与前瞻［J］. 水科学进展,2002,13(4):507-514.

［95］ 窦贻俭,杨戌. 曹娥江流域水利工程对生态环境影响的研究［J］. 水科学进展,1996,7(3):260-267.

［96］ 李克锋,赵文谦. 环境水利学理论在河流、水库环境问题中的应用［J］. 四川水力发电,1994(3):89-92.

［97］ 何文学,李荼青. 从改善水流流态角度谈富营养化治理［J］. 浙江水利水电专科学校学报,2003,15(4):27-29.

［98］ 马晓辉,彭汉兴,杨光中,等. 大坝环境水质特征与化学潜蚀［J］. 水利学报,2001(10):44-47.

［99］ 彭汉兴,李淑杰,马晓辉. 皖浙山区大坝坝址环境水特征与作用［J］. 水科学进展,1995,6(2):150-155.

［100］ 张永良. 水环境容量基本概念的发展［J］. 环境科学研究,1992,5(3):59-61.

［101］ 余常昭,马尔柯夫斯基,李玉梁. 水环境中污染物扩散输移原理与水质模型［M］. 北京:中国环境科学出版社,1989.

［102］ 傅国伟. 河流水质数学模型及其模拟计算［M］. 北京:中国环境科学出版社,1987.

［103］ Wright R M,Mcdonell A J. In stream deoxygenation rate prediction［J］. FProc ASCE J Env Div,1979,105(4):323-333.

［104］ 李锦秀,廖文根. 水流条件巨大变化对有机污染物降解速率影响研究［J］. 环境科学研究,2002,15(3):45-48.

［105］ 蒲讯赤,李克锋. 紊动对水体中有机污染物降解影响的试验［J］. 中国环境科学,1999,19(6):

485-489.

[106] 黄真理,李玉梁,李锦秀,等. 三峡水库水容量计算[J]. 水利学报,2004(3):7-14.

[107] Kingsford R T. Ecological impacts of dams, water diversions and river management on floodplain wetlands in Australia[J]. Austral Ecology,2000,25(2):109-127.

[108] 周建波,袁丹红. 东江建库后生态环境变化的初步分析[J]. 水力发电学报,2001,4:108-116.

[109] 赵西宁,吴普特,王万忠,等. 生态环境需水研究进展[J]. 水科学进展,2005,16(4):617-622.

[110] 陈朋成,周孝德,冯民权. 河流生态环境需水量研究[J]. 水利科技与经济,2007,13(10):754-759.

[111] 宋进喜,李怀恩,王伯铎. 河流生态环境需水量研究综述[J]. 水土保持学报,2003,17(6):95-97.

[112] Poff N L,Hart D D. How dams vary and why it matters for the emerging science of dam removal[J]. Bioscience,2002,52(8):659-668.

[113] 肖建红. 水坝对河流生态系统服务功能影响及其评价研究[D]. 南京:河海大学,2006.

[114] 毛战坡,王雨春,彭文启,等. 筑坝对河流生态系统影响研究进展[J]. 水科学进展,2005,16(1):134-140.

[115] Stanley E H,Doyle M W. Phosphorus transport before and after dam removal from a nutrient-rich creek I southern Wisconsin[J]. Bulletin of the North American Benthological Society,2001(18):172.

[116] 王珊琳,丛沛桐,王瑞兰,等. 生态环境需水量研究进展与理论探析[J]. 生态学杂志,2004,23(6):111-115.

[117] Naiman R J,Turner M G.. A future perspective on North American's freshwater ecosystems[J]. Ecological Applications,2000(10):958-970.

[118] Dynesius M,Nissou C. Fragmentation and flow regulation of river systems in the Northern third of the world[J]. Science,1994(266):753-762.

[119] 汤洁,佘孝云,林年丰,等. 生态环境需水的理论和方法研究进展[J]. 地理科学,2005,25(3):367-373.

[120] 姜德娟,王会肖,李丽娟. 生态环境需水量分类及计算方法综述[J]. 地理科学进展,2003,22(4):369-378.

[121] 丰华丽. 河流生态环境需水理论方法与应用研究[D]. 南京:河海大学,2002.

[122] 苏飞. 河流生态需水计算模式及应用研究[D]. 南京:河海大学,2005.

[123] 龙平沅,周孝德,赵青松,等. 区域生态需水量计算及实例[J]. 西北水利发电,2006,22(2):28-30.

[124] 罗玮,周孝德,韩娜娜. 防止河道断流的最小生态与环境需水量[J]. 水资源与水工程学报,2005,16(4):29-37.

[125] 李国英. 维持黄河健康生命[M]. 郑州:黄河水利出版社,2005.

[126] 张远. 黄河流域坡高地与河道生态与环境需水规律研究[D]. 北京:北京师范大学,2003.

[127] 陈朋成,周孝德,靳春燕,等. 黄河上游河道生态需水量研究[J]. 人民黄河,2008,30(2):43-44.

[128] 王玉敏,冯民权,周孝德,等. 渭河干流(陕西段)生态需水量研究[J]. 人民黄河,2006,28(2):41-42.

[129] 田勇,林秀芝,李勇,等. 黄河干流泥沙优化配置模型及应用[J]. 水利水电技术,2009,40(5):19-23.

[130] 李为华,李九发,时连强,等. 黄河口泥沙特性和输移研究综述[J]. 泥沙研究,2005(3):76-80.

[131] 张金良,刘媛媛,练继建. 模糊神经网络对汛期三门峡水库泥沙冲淤量的计算[J]. 水力发电学报,2004,23(2):39-40.

[132] 王惠文. 偏最小二乘回归方法及其应用[M]. 北京:国防工业出版社,1999.

[133] 蒋红卫. 偏最小二乘回归的扩展及其实用算法构建[D]. 西安:第四军医大学,2003.

[134] 秦蓓蕾,王文圣,丁晶. 偏最小二乘回归模型在水文相关分析中的应用[J]. 四川大学学报(工程科学版),2003,35(4):115-118.

[135] 任若恩,王惠文. 多元统计数据分析——理论·方法·实例[M]. 北京:国防工业出版社,1997.

[136] Douglas M. Bates,Donald G. Watts. 非线性回归分析及其应用[M]. 韦博成,等,译. 北京:中国统计出版社,1997.

[137] Hwang J. T. G. ,Nettleton Dan. Principal components regression with data-chosen components and related methods[J]. Technometrics,2003,45(1):70-79.

[138] Dijksterhuis G. ,Martens H. ,Martens M. Combined Procrustes analysis and PLSR for internal and external mapping of data from multiple sources[J]. Computational Statistics and Data Analysis,2005,48(1):47-62.

[139] Hsiao T. C. ,Lin,C. W. ,Chiang H. H. K. Partial least squares learning regression for back propagation network[C]//Annual International Conference of the IEEE Engineering in Medicine and Biology - Proceedings. IEEE,2000,2:975-977.

[140] 邓云. 大型深水库的水温预测研究[D]. 成都:四川大学,2003.

[141] 安艺周一,白砂孝夫. 水库流态的模拟分析[C]//大型水利工程环境影响译文集. 北京:水利出版社,1981.

[142] 张华丽. 刘家峡水库水温影响回顾评价研究[D]. 西安:西安理工大学,2008.

[143] 张静波,张洪泉. 流域梯级开发的综合环境效应[J]. 水资源保护,1996(3):30-31,35.

[144] 姚维科,崔保山,董世魁,等. 水电工程干扰下澜沧江典型段的水温时空特征[J]. 环境科学学报,2006,26(6):1031-1037.

[145] 戴群英. 水库库区及下游河道水温预测研究[D]. 南京:河海大学,2006.

[146] 郝瑞霞,陈惠泉,周力行. 天然河道湍浮力流动的数值模拟:数学模型及其在冷却水工程中的应用实例[J]. 水利学报,1999(6).

[147] 唐旺. 水库及下游河道水温预测研究[D]. 西安:西安理工大学,2007.

[148] 倪志强. 水库水温的数值模拟[D]. 南京:河海大学,2006.

[149] 李怀恩. 分层型水库的垂向水温分布公式[J]. 水利学报,1993(2):43-49.

[150] 张仙娥. 大型水库纵竖向二维水温、水质数值模拟——以糯扎渡水库为例[D]. 西安:西安理工大学,2004.

[151] 周雪漪. 计算水力学[M]. 北京:清华大学出版社,1995.

[152] 雒文生,宋星原. 水环境分析及预测[M]. 武汉:武汉大学出版社,2000.

[153] 陈朋成. 黄河上游干流生态需水量研究[D]. 西安:西安理工大学,2008.

[154] 黄河水文局. 黄河流域水资源质量状况[EB/OL]. [2002-10-16]. http://www. hwswj. gov. cn/Info/Publish/Publish001.

[155] 水利部黄河水利委员会. 治黄战略及重大技术研究课题[EB/OL]. [2006-03-17]. http://www. yellowriver. gov. cn/zhuanti/wchh/zllj/.

[156] 水利部黄河水利委员会. 黄河水资源公报[EB/OL]. [2007-09-08]. http://www. yellowriver. gov. cn/other/hhgb/2007. html.

[157] 水利部黄河水利委员会. 2008~2009年度黄河水量调度执行情况公告[EB/OL]. [2009-8-25]. http://www. yellowriver. gov. cn/gonggao/.

[158] 水利部黄河水利委员会. 2007年黄河泥沙公报[EB/OL]. [2008-11-25]. http://www. yellowriver. gov. cn/gonggao/.

[159] 水利部. 黄河水量调度条例实施细则(试行)[EB/OL]. [2007-12-13]. http://www. ha. xinhuanet. com/xhzt/.

[160] 周孝德,黄廷林,唐允吉. 河流底流中重金属释放的水流紊动效应[J]. 水利学报,1994(11):22-25,30.

[161] 焦恩东,于德万. 水库泥沙淤积分析计算及防治措施[J]. 吉林水利,2009(1):64-67.

[162] 胡德秀. 供水系统环境影响风险评价方法研究[D]. 西安:西安理工大学,2001.

[163] 张福锁,李春俭,李晓林,等. 环境胁迫与植物根际营养[M]. 北京:中国农业出版社,1996.

[164] Frosyth C,Van Staden J. The effect of root decapitation on lateral root formation and cytokinin production in Psium sativum[J]. Physiol Plant,1981,51:375-379.

[165] 左其亭,吴泽宁,赵伟. 水资源系统中的不确定性及风险分析方法[J]. 干旱区地理,2003,26(2):116-121.

[166] 李如忠,钱家忠,汪家权. 河流水质未确知风险评价理论模式研究[J]. 地理科学,2007,24(2):183-187.

[167] Jacques G. Ganoulis. 水污染的工程风险分析[M]. 彭静,廖文跟,李锦秀,等,译. 北京:清华大学出版社,2005.

[168] 周琼. 河流水质风险评估模型与应用[J]. 人民珠江,2008(4):40-42.

[169] 杨杰,胡德秀,吴中如. 大坝安全监控模型因子相关性及不确定性研究[J]. 水利学报,2004(12):99-105.

[170] 杨杰,胡德秀,吴中如. 基于最大熵原理的贝叶斯不确定性反分析方法[J]. 浙江大学学报(工学版),2006,40(5):810-815,835.

[171] 胡国华,夏军. 风险分析的灰色–随机风险率方法研究[J]. 水利学报,2001,4(4):1-6.

[172] Bill Caselton,Wuben Luo. Dempster-Shafer theory and decision making[C]// Grdg Paoli. Climate change,uncertainty and decision making. Institute for risk research,1994.

[173] 韩江涛,龚新蜀. 基于层次分析法的城镇化评价指标体系的优化[J]. 淮海工学院学报(自然科学版),2009,18(1):75-78.

[174] 王晓光,李金柱,邓先珍,等. 层次分析法在湖北省乌桕优树决选中的应用研究[J]. 华中农业大

学学报,2009,28(1):89-92.

[175] 邱林,陈守煜,聂相田. 模糊模式识别神经网络预测模型及其应用[J]. 水科学进展,1998,9(3):258-264.

[176] 李炜,邝鹏,李阳. 基于模糊神经网络的管道泄漏检测方法研究[J]. 计算机仿真,2009,26(2):190-192.

[177] 杨杰,方俊,胡德秀,等. 偏最小二乘法回归在水利水电工程安全监测中的应用[J]. 农业工程学报,2007,23(3).136-140.

[178] 杨杰. 大坝安全监控中若干不确定性问题的分析方法研究[D]. 南京:河海大学,2006.

[179] 彭雪辉,赫健,施伯兴. 我国水库大坝风险管理[J]. 中国水利,2008(12):10-13.

[180] 周孝德,陈惠君,沈晋. 滞洪区二维洪水演进及洪灾风险分析[J]. 西安理工大学学报,1996,12(3):244-250.

[181] 周平,蒙吉军. 区域生态风险管理研究进展[J]. 生态学报,2009,29(4):99-104.

[182] Bruce K Hope. An examination of ecological risk assessment and management practices[J]. Environment International,2006,32(8):983-995.

[183] 钟华平,刘恒,耿雷华. 澜沧江流域梯级开发的生态与环境累积效应[J]. 水利学报,2007(10):577-581.

[184] 张陆良,孙大东. 高坝大水库下泄水水温影响及减缓措施初探[J]. 水电站设计,2009,25(1):76-81.